人生的禮物

10個董事長教你
逆境再起的力量

人生的禮物 | 10個董事長教你 逆境再起的力量

目錄

艱難的環境，
愈能磨練心志！

文／謝孟雄（董氏基金會董事長、實踐大學董事長）

　　這些年臺灣處於不景氣的環境，不少人心情苦悶，甚至影響生活。面對這樣的環境轉變，對人是一種考驗，但是，人只有在愈艱難的環境下，才能磨練心志。自然界在面對寒冬的考驗時，有一套因應的生存法則，比如：植物在寒冬中落葉是為減少水氣蒸發，靜待春天的萌芽；動物在寒冬中冬眠，是為了度過食物匱乏的考驗，這些道理，值得讓人省思。

　　這次大家健康雜誌出版《人生的禮物：10個董事長教你逆境再起的力量》一書，書中每位名人都有一段精彩的故事，不管是對生活的想法、工作的思維、企業的領導與管理，都有獨到的見解，從每位名人所遭遇的困境、面對的挫折，可學習到他們解決問題的方法。

　　我們不必羨慕別人的物質生活，因為物質層面只要維持基本需求，轉而追求更豐富的精神生活，心情苦悶或許也能改觀。書中有

不少名人也和我有相近的觀點，這個觀點就是「物質生活要簡單，精神生活要豐富」。因為奢華的外表敵不過真實的內在，愈追求物質生活的奢華，只會讓人更加貪念，只有精神生活豐富，遇到困苦挫折的時候，才能抵抗外在變化的物質生活條件。

　　一年有四季，人生起伏也可看作春夏秋冬，在一生中不會天天是春天，總有遇到不順遂的時候，在寒冬中，不要放棄希望，沉潛修練，減少耗損，重新檢視自己的生活態度，等到春天再來，繼續保持「物質生活要簡單，精神生活要豐富」的想法，你將會發現生活愈來愈美好，過去的風雨甘苦，都會累積成人生經驗，成就更精采的人生。

克服挫折，
給自己翻身的力量！

文／姚思遠（董氏基金會執行長）

　　《隨心所欲：享受精彩人生》是2012年8月大家健康雜誌出版的一本好書，書中採訪10位來自各領域，備受推崇的長者。這些長者有各自不同的生命歷練、處世哲學與人生智慧。書籍出版後，得到實體書店、網路書店的選書推薦肯定，不少企業福委會、讀書會也相繼推薦本書選讀。

　　《人生的禮物：10個董事長教你逆境再起的力量》的出版，是類似編輯理念的延續，我們採訪臺灣各產業知名企業的董事長，包括王品集團董事長戴勝益、美吾華懷特生技集團董事長李成家、台達電子董事長海英俊、全家便利商店董事長潘進丁、和泰興業董事長蘇一仲、八方雲集董事長林家鈺、合隆毛廠董事長陳焜耀、億光電子董事長葉寅夫、康軒文教董事長李萬吉、宏全國際董事長戴宏全等10位名人，編輯收錄他們精彩的故事。

　　每位人物都有讓讀者深思及獲得啟發的佳言名句，並有醒目的

編排。書籍內容上，每位人物也有自己對人生事物的特別見解，尤其是在遇到人生中的逆境時，是如何應對看待，最後又如何走出逆境。讀者閱讀本書時，可學習到他們克服逆境的方法，解決問題的態度。

此次訪談收錄的10位人物，都來自企業界，都是知名的領導者，在他們的精彩語錄中自然有許多職場管理及工作上的智慧，所以本書也極適合上班族選讀。

期望本書的出版，就像《隨心所欲：享受精彩人生》一書出版時，書中長者認真、執著、負責的生命態度，鼓舞了許多人心。本書採訪的10位企業領袖，相信讀者可以從他們的人生經驗智慧中得到許多啟發，只要從心改變，克服逆境，皆能創造屬於自己的成功人生。

學取經驗，
找到自己的人生禮物！

文／陳斐娟（54新觀點節目主持人）

　　每個人的一生中，都會收到屬於自己的人生「禮物」，這份「禮物」包含著你的故事、你的成長，這些經驗就會累積生命與價值，但前提是你必須懂得找尋，懂得體悟，然後學取經驗。

　　我還記得讓我學會理財、學會管理人生的第一個「禮物」，是媽媽教給我的功課。小時候，媽媽每個月都會固定給我們姊妹一定金額的零用錢，如果自己提前用完，就不能預支。記得有一次姊姊，不小心弄丟公車車票，媽媽不但沒有再給錢讓她買車票，反而要求姊姊走路上下學，姊姊無奈只好每天早上六點多，就提早出門，直到下個月有零用錢買新車票才能再搭公車上學。

　　雖然媽媽有點「狠心」，但媽媽卻讓我得到警惕，學會自我管理，同時因為懂得使用零用錢，所以我能從小懂得管理自己的欲望，明白哪些是必要買的物品，哪些是不能亂支出的物品，這對長大後，我的理財觀有了很大的助益。

大家健康雜誌出版這本《人生的禮物：10個董事長教你逆境再起的力量》，集結臺灣各產業知名的企業董事長，包括王品集團董事長戴勝益、美吾華懷特生技集團董事長李成家、台達電子董事長海英俊、全家便利商店董事長潘進丁、和泰興業董事長蘇一仲、八方雲集董事長林家鈺、合隆毛廠董事長陳焜耀、億光電子董事長葉寅夫、康軒文教董事長李萬吉、宏全國際董事長戴宏全等10人的人生精彩故事。

　　這10個董事長都有著自己獨特的人生「禮物」，不管對事業、對工作、對人生種種的體悟，都在這本書有詳細的報導，書中也用心地整理出這些董事長的勵志語錄。像書中戴勝益有著「你認真，別人就當真」的做事態度，李成家有著「幫你的是貴人，找你麻煩的也是貴人」的感恩精神，這些都是他們人生所淬鍊出的「禮物」。

　　如果想透過學習，吸取這些董事長的成功人生經驗，這本書是很好的借鏡，值得參考。或許他們有些失敗的經驗或挫折，在你的人生不一定會遇到，卻能成為你未來人生的思考，也是未來你成功的養分！

　　最後，試著回想，在你生命經驗中，已有哪些你收到的人生「禮物」，你還沒有用心「打開」，去了解體悟？

王品集團董事長

戴勝益

你認真，
別人就當真

39歲離開家族事業的戴勝益，一心走上創業的路。他的創業路途並不順遂，有些經營一開始風光，卻每況愈下，但他卻屢敗屢戰，直到經營王品牛排，事業才有起色。在成功的背後，他背負著外人看不見的壓力，與多次創業失敗的煎熬和痛苦。在創業面臨絕處時，他的好人緣為他解決了債務急迫的困境，因為好友對他的信任，願意無條件把錢借給他。面對難關與挑戰時，他總有股不服輸的個性會出現，使他在挫敗中總是找到積極向上的力量……

高中畢業就離家北上的戴勝益，曾為了重考而在補習班苦讀一年。「高中時，臺灣經濟起飛，全家人日夜都在拚經濟，導致我功課日漸下滑，最後以5分之差，沒有吊上車尾。」但也因此，他知道自己實力不差，再拚一年一定有好成績。

　　隔年，戴勝益以第二志願考上臺大中文系，父母高興得殺豬大宴賓客。大學四年，戴勝益過得充實難忘，他笑說天天都像在宿舍開Party，與同學聯誼嬉戲、快樂學習，畢業後，他依父母期望，回老家繼承家業。

　　在父親一手創設的「三勝製帽」工作十餘年，為避免手足情誼

人生就好比一杯三合一咖啡，咖啡粉代表工作，奶精代表家庭生活，糖則代表個人嗜好，單一飲用，難以下嚥，但調合在一起，卻是一杯香醇可口的咖啡。懂得調配出屬於自己人生的咖啡，才是真正的智慧。

人生的禮物
10個董事長教你逆境再起的力量

生變，他毅然離開三勝，放棄父親給他的優渥環境，單飛創業。

九次創業失敗
負債上億

　　戴勝益的創業歷程相當戲劇性，三、四、五年級生或許聽過他過去的事業：ㄅㄧㄅㄧ樂園、阿拉丁樂園、呼啦樂園、嘟嘟樂園、臺灣金氏世界紀錄博物館、一品肉粽餐飲、全國牛排館、外蒙古全羊餐廳等幾乎全軍覆沒。他笑說自己像國父革命一樣，創業到第10次終於成功。

　　和許多企業家不同的是，戴勝益不避談過去的失敗經驗，因為他覺得當時縱使跌倒，姿勢還是很優美。經營嘟嘟樂園第一年，胸懷壯志的他，首開風氣之先，邀請「小虎隊」代言遊樂園，並上電視打廣告，喊出「一票玩到底」，輕鬆賺進一億多元。可是，接連開了三家遊樂園，卻很快負債一億多元。

　　「遊樂園收起來時，是我人生路上最大的挫折！當時，每個月必須付的利息大約一百多萬元，每天我最高興的時間，就是下午三點三十一分（表示當天支票過關了），直到晚上十二點之前都非常快樂，但一過十二點，我又開始煩惱：隔天該如何籌錢過關？」

要累積「人緣」
不要算計「人脈」

接二連三的的創業挫敗，龐大的負債壓力接踵而來，但他沒有逃避，放下身段向朋友借錢。「大學時儘管生活隨性，但後來發現，似乎無形中做對三件事——對朋友有情有義、幾乎不拒絕朋友、盡量幫助有需要的朋友，因此日後投資事業，朋友都願意無條件把錢借給我。」戴勝益也擬定還債計劃，同時積極思考如何重新再站起。

這種煎熬和痛苦，前後大約持續四年，直到經營王品牛排，事業逐漸起色，才將負債逐一還清。「經過這件事，我發誓：從此再也不負債、借錢！」

戴勝益感謝好友的不離不棄，他自覺能夠成功再起，朋友是相當關鍵的因素。不少人好奇他是如何經營人脈，他認為自己並不是經營人脈，而是用心交朋友。

朋友眼中的戴勝益，有一股親切大哥的氣息和魅力，很懂得照顧關心別人，至今許多和他一起打拚的王品伙伴私下都叫他「戴大哥」。

戴勝益常提醒年輕人：千萬不要做「三不」人！所謂「三不」

要學習成功人士的努力、扎實、做事方法及待人的態度，
而非學到成功人士的表徵，例如趕快買一部高級房車、找
個司機、打高爾夫球、穿高級西裝，因為這些只是成功人
士的結果，不是他們成功的原因。如果只學習到結果，卻
沒學習到原因，這樣的學習也是徒勞無功。

交朋友最重要的是「人緣」，不要動不動就講「人脈」，因為人脈只是「過水式」的友誼，太現實了！

就是：請你做事？「不會」；有沒有空？「沒空」；幫朋友忙？「不關我的事」。戴勝益認為，這三句話只要常掛在嘴邊，這輩子大概很難有朋友。

大學畢業後，戴勝益更提醒自己：隨時把「三不」變成「三要」，要求自己每天至少幫助一個人。「就算對方將來與自己沒有任何關係，還是有可能在背後說我的好話，如此一來，我的人緣就會廣開，最後，這份幸運還是會回到自己身上。」

不服輸的個性
在挫敗中找到向上力量

戴勝益認為，「成功不是第一個出發，而是最後一個倒下。」回顧來時路，戴勝益坦言性格中有股不服

人生的禮物
10個董事長教你逆境再起的力量

輸的個性，所以從不相信命定風水之說，更不相信江湖術士之言，總能在挫敗中找到積極向上的力量。

如他剛開創王品牛排時，為了替臺灣人爭一口氣，主動飛到英國，成功爭取金氏世界紀錄博物館在臺灣設立分館。結果第一年參觀人潮很多，第二年人潮變少，第三年幾乎門可羅雀。戴勝益看收支損益剛好平衡，立刻把博物館收起來，同時立下志願：「將來要做的事業，一定要客人愈來愈多，而不是像遊樂園、金氏博物館般，上門的顧客愈來愈少。」這個由挫折轉化的信念，果然支持著戴勝益，在餐飲業實踐了這個理想。

有一年暑假到泰國普吉島渡假，最喜歡的活動便是騎水上摩托車，水上摩托車的魅力在於它能快能慢，可左可右。後來慢慢掌握到不翻車的訣竅：就是大浪來時，千萬不要轉彎迴避。否則，海浪馬上痛擊你的側面，將你打落海中；相反的，碰到大浪時，要正面以對，集中精神，降低速度，迎接海浪的挑戰，等大浪一過，又可加速前進了。人最大的問題，往往是逃避，而不是問題本身。記得把挫折、困難當做上天送的禮物，不因風雨的摧折而輕易放棄，以堅強、勇敢的態度去面對。

要懂得解決問題
不要無頭緒嚇自己

「人家都說血型B型的人比較樂觀，其實B型的人分兩種，一種是樂天開朗，另一種就是像我這種『隱性的樂觀者』，遇到事情一樣會猶豫不決、甚至擔心徬徨。」

這時，戴勝益會鼓舞自己：從一個人煩惱的事情，就可知曉其心胸及未來成就的大小，換言之，小事不必花時間煩惱，大事光煩惱也無益，只要想辦法在最短時間把事情解決，一切就雨過天晴。

戴勝益分享他解決事情的撇步，是把解決煩惱的方式，分成「上策」、「中策」、「下策」及「放棄」四種方法加以思考，並

常常有年輕人問，應該如何選工作？我的答案是選一個「正派的公司」就好，不要去管它大或小，因為大公司可以學制度，小公司可以學獨立。但任何工作，都應該從基層磨練起。

人生的禮物
10個董事長教你逆境再起的力量

戴勝益認為人生中要有三個一百,因為這與人生的幸福、成功有很大的關係。他把這三個一百定義為「爬百岳」、「遊百國」、「吃百店」,最後一項可依個人工作領域而有所不同,每個人都可以定下自己人生的三百計畫。

依數據分析整件事情對自己的損害程度，瞭解問題的嚴重性及急迫性，而不是漫無頭緒地嚇自己。

待同仁如家人
鼓勵同仁自我提升

戴勝益帶領團隊還有一大特色，就是希望同仁努力達成的目標，通常自己會先帶頭做，甚至嚴以律己律人。像王品有所謂「憲法」，規定員工不得收受價值超過一百元的餽贈、同仁親戚禁止入公司任職等龜毛條款。嚴格之餘，他也視同仁為「家人」，時時想著如何為員工增加更多福利。

工作與壓力就像苦瓜，至於家庭、興趣與嗜好就像是排骨，年輕人要用80％的苦瓜加上20％的排骨來煮湯，隨著年齡增加，慢慢把苦瓜減少。苦瓜會吸收排骨的油，排骨又吸收苦瓜的苦，苦瓜排骨湯才會好喝。

人生的禮物
10個董事長教你逆境再起的力量

他視同仁為「家人」，導因於多年前一個「許媽媽事件」，給了他很大的衝擊。許媽媽是王品牛排的計時洗碗工，為貼補家用，每天晚上十點多下班後，還要撿拾寶特瓶變賣，不幸在一次下班途中，為撿拾回收物，被大卡車輾死。

戴勝益回想，「如果員工是我的家人，為什麼家人每天上班不夠，還要撿拾回收物才夠生活，我卻出入名車、名牌，這樣怎算是一家人？」從此他褪下名牌公事包、辭退司機，每天徒步，搭乘大眾運輸工具上班，縮小公司的階級落差，力行樸實生活。

由於同仁就像家人，他不希望家人變成「只會工作賺錢的

不要踩著別人的肩膀往上爬，因為一定會被人看不起，也影響你一輩子的聲譽！

人」，因此要求大家每個月統計評比：「對自己的健康和素養投資了多少」，並公布於公司網站，激勵同仁隨時睜開眼、耳、鼻、舌及心靈，邁開雙腳走出去，接納新事物，也敢於冒險。

推動三百分競賽
欣賞許文龍的謙遜

　　他在公司推動「三百學分」，一開始以爬百岳、遊百國、吃百家餐廳，鼓勵同仁開闊眼界，自我提升。後來又增加：每人一輩子一定要吃一百顆米其林星餐廳、每年至少參加兩次藝文活動——而且不能是公司招待的場次，一定要自己出錢的活動才算，藉以鼓勵同仁提升美感與素養。

　　戴勝益認為，每個人一生應有一個典範去追尋，他心中的典範人物是奇美董事長許文龍，說起偶像，他開心地分享幾次互動的經驗。有次他邀請許文龍到公司演講，會後八十多歲的許文龍，堅持一一和臺下的王品主管握手，戴勝益當下很感動，敬佩一個事業如此成功的人，仍這麼謙虛待人，他期許自己也像許文龍成為一個成功又謙遜的企業家。

（採訪整理／張慧心、楊育浩）

人生的禮物
10個董事長教你逆境再起的力量

戴勝益的核心價值
—— 「九條通」

1. 敢拚、能賺、愛玩。

2. 人生追求的三個順序：健康第一、
   快樂第二、成功第三。

3. 多學一點、多做一點、多玩一點。

4. 思想要深入，生活要簡單，才有真
   正的快樂。

5. 生命要尊嚴，生活要精采。

6. 人生短暫，不能等待。實現理想，
   無可取代。

7. 企業的規模，取決於老闆的氣度；
   企業的長久，取決於老闆的品德。

8. 最大的成本是時間，最大的敵人是
   自己。

9. 演戲可以彩排，人生不可重來。

如果你是
戴勝益

⊙ **你願意克服別人的眼光，**
看待事情嗎？

戴勝益想把生活變簡樸，於是把賓士車的排場換
成悠遊卡。

人生的禮物
10個董事長教你逆境再起的力量

◉ 你有沒有66個朋友，在你危急時伸出援手幫忙？

戴勝益在創業負債時，他向66個朋友，借到1.6億，度過難關。

◉ 你常向朋友說「不會」、「沒空」、「不關我的事」嗎？

戴勝益提醒自己，隨時把這「三不」變成「三要」，要求自己每天至少幫助一個人。

◉ 你對自己的健康和素養投資了多少？

戴勝益常激勵同仁隨時睜開眼、耳、鼻、舌及心靈，邁開雙腳走出去，接納新事物，在公司推動爬百嶽、遊百國、吃百家餐廳等。

◉ 你曾想「仿冒」一個你認為成功人物的人生？

戴勝益認為別人的人生，是可以「仿冒」的，比如奇美集團創辦人許文龍，就是他「仿冒」的對象。

美吾華懷特生技集團董事長

李成家

幫你的是貴人，找你麻煩的也是貴人

28歲時，李成家就創立臺灣美吾髮公司，他腳踏實地的經營企業，當選了青年創業楷模、十大傑出青年。他覺得人生隨時都可能遇到挫折，每個人要學會克服人生的低潮。大學畢業時，他在藥廠做業務，常被客戶刁難而有委屈，回公司後，他調整情緒，不被受氣的情緒駕馭，學習思考解決問題。後來，經營企業更懂得將挫折轉換成助力，他相信人生處處是機會、處處有貴人，任何時候起步都不會晚，有心就有機會成功！

走進賣場，美吾髮的洗髮精、潤髮乳、染髮霜等產品陳列架上，這個臺灣自創的品牌，已經伴隨國人的生活30多年，而背後的催生者就是美吾華懷特生技集團董事長李成家。

出身屏東鄉下
時時提醒自己要爭氣

一個從屏東鄉下出身的孩子，李成家時時提醒自己要爭氣，高雄醫學院（現已改制大學）藥學系畢業後，他先在外商公司工作，28歲即運用青輔會創業貸款創立臺灣美吾髮公司（美吾華懷特生技集團的原始公司），先代理美國VO5洗髮精起家，深感「沒有自己的品牌，形同沒有根。」決定自創「美吾髮」品牌。

多年來，景氣經過多次循環，甚至遭逢百年未見的金融海嘯，美吾華公司卻沒有一天處於虧損狀態，還跨足新藥研發、高階醫材產業，成立美吾華懷特生技集團，創造市值超過百億元的產業規模。

創業有成的他，曾獲頒第一屆全國青年創業楷模，還曾出任總統府國策顧問，並在1984年獲得全國十大傑出青年，先後擔任青年創業總會理事長、中小企業總會理事長、台灣省工業會理事長、

前瞻，就是早人「一點點」。
千萬不要小看「一點點」的威力，
小事做好，才能成就大事。

中華民國工業協進會理事長、海基會董、監事、兩岸企業家峰會監事，長期活躍於兩岸工商團體。2012年，他獲得經濟部全國優良商人「金商獎」表揚，是生技新藥界唯一獲此殊榮者。

看別人，想自己
多學多做，磨練生智慧

「從小我很喜歡打乒乓球，當過省運選手，一直是學校運動社團負責人，因此對經營社團很有興趣，也喜歡廣結人緣，從中『看別人，想自己』，多學多做，磨練生智慧，除了廣知天下事，

「一點點哲學」的思維，就是「多早一點點」、「多努力一點點」、「多忍耐一點點」，尤其多忍耐一點點最重要，因為人一生氣就可能失敗。

還希望練就『恰到好處』的智慧。」李成家交友滿天下，是企業界公認處事最圓融的企業領袖之一。

「人要知己知彼，像我，大學聯考和醫學系錯身而過，就知道自己的個性，其實並不適合往學術界發展，而是對做生意比較感興趣啦！」和國內肝病權威許金川醫師同為屏東初中同學的李成家，就很佩服許金川醫師的苦讀精神。

「我比較喜歡玩啦！」李成家打趣說，他所謂的「玩」，不是亂玩，而是交朋友、運動、學習各種經驗，為未來的事業打基礎。「不論做什麼事，身體健康、心理平衡最重要。」

李成家認為，健康與家庭都缺一不可，就算再忙，也要跟家人一起吃飯、出國旅遊，他希望員工都能有好的休閒和家庭生活，這樣對工作也有幫助。圖為李成家與母親、妻子及全家福的合影。

33

別人愈看不起
就愈要努力向上

　　李成家說，健康的人看事情，比較能正面思考，遇到挫折和打擊，也比較有能力轉化成激勵的動力，一念之間就改變想法和命運。

　　他在服預官役時，抽籤分發到傘兵，很多同袍受訓時忍不住大哭，李成家心裡雖然也很害怕，但他不斷告訴自己：「別人會，我就會！」他回憶說，從高空往下跳，誰不怕？但煩惱有用嗎？沒有用！既然如此，就從正面去迎接，不要鑽牛角尖。

　　個性看似溫和的李成家，其實是個「愈挫愈勇」的人，別人愈看不起他，他就愈要努力向上。李成家不諱言，在創業過程中，曾有很多人幫助他，也有不少人打擊他、找他麻煩，但他都抱持一種想法：「不是只有幫你的才是貴人，找你麻煩的，磨鍊你的也是貴人！」因此往往否極泰來，事業更上一層樓。

先想輸再想贏
把最壞的想在前面

　　李成家說，球場上不可能有永遠的贏家，商場上亦然！所以

人生的禮物
10個董事長教你逆境再起的力量

贏九次輸一次，
並不等於贏了八次，
結果可能全盤皆輸。

經營事業更要具備「勝不驕、敗不餒」的運動員精神，步步為營。
「對未來的事，要相信事在人為，不能把成敗歸諸命運；對於已發
生的事，如果無法如願，就要相信：這個結果對自己也有不同的收
穫。」

　　就像年輕在當業務代表時心情不好，李成家就藉著整理客戶
資料，轉化自己的情緒，同時對工作又有幫助。碰到經營挫折時，
他也會對自己說：「就是困難才需要你，如果沒有困難，那誰都會
啊！哪還需要你？」

　　「塞翁失馬，焉知非福。」李成家深信：「任何事情只要努力

過，事後一定會有收穫，只是當時沒有達到目標而已。」

　　此外，李成家認為，創業過程遇到驚濤駭浪，若想「輕舟已過萬重山」，一定要「量力而為」，控管風險，避免失敗，不做超過能力的事。「人不夠、錢不夠，企業會倒，人夠財夠但管理不善，也一樣會倒！所以一定要先想輸再想贏，把最壞的想在前面！」

　　李成家說，有最壞的打算，最好的準備，清楚現在要做什麼？下一步要做什麼？對手在做什麼？未來的目標是什麼？每個階段都為下個階段預做準備，事業當然水到渠成，事半功倍，人就不會慌。

能大贏就大贏，小贏也可，
度小月時小賺無妨、小虧也行，
就是不能大輸，
因為只要大輸一次可能就等於零了。

人生的禮物
10個董事長教你逆境再起的力量

喜歡運動的李成家，十多年來每周兩次固定到運動教室跳有氧瑜伽的體適能運動。另外，他會在腰間掛著計步器，要求自己每天走五千步以上。

長達10多年的投資與努力，李成家的生技版圖終於開花結果，2012年，他獲得經濟部全國優良商人「金商獎」表揚，是生技新藥界唯一獲此殊榮者，圖為他與高階經營團隊的合影。

每天走不到五千步
就不回家

　　養成終身運動好習慣的李成家，這幾年和太太每周兩次，到運動教室跳有氧瑜伽體適能運動；另外，周日偶爾到陽明山或郊外走走。

　　其他時間，還會在腰間掛著計步器，鼓勵自己每天要走五千步

人生的禮物
10個董事長教你逆境再起的力量

以上。「每天不走到五千步，我就不回家。即使出國不方便運動，也會以多走路為目標，多運動可讓人有精神，頭腦更清楚，決策更正確，人看起來也年輕有活力。」

李成家還有一個未實踐的心願，就是希望國人心理都很健康。「未來退休有機會，我希望能到行天宮去解籤詩，藉由簡明扼要提示、正向看問題，化解別人的困惑，讓對方帶著歡喜心、希望心而去，一定很有成就感！」李成家連做志工都十分另類，更顯示他的胸襟，和一般企業家很不同。

經營企業一定要穩健，想要一下子就達到100分，極可能因擴充太快而失控，導致悲慘下場，其實不論經營企業或做事，先掌握關鍵性80分。而且許多事業都是20％重要的部分，貢獻出80％的效益，只要先做好這20％，就可以掌握80分了，如果行有餘力，再1分、1分往上加，也可能達到100分。

身心健康、事業、家庭均衡
才是人生最大的成功

在李成家的觀念中，人生最大的成功就是身心健康，家庭、事業、社團各種關係都要均衡。

三十多年來，李成家不以商場上累積的經驗為滿足，除了每天早上五、六點閱讀六、七份報紙，看書、看電視吸收資訊，不斷進修，讓自己「既有實務，也有理論」。

「企業經營穩健比大、快重要！贏九次輸最後一次，等於零。」李成家有很多獨到的經營哲學，他認為，經營事業最怕前面一直成功，最後卻失敗倒閉，所以多年來，他依自己的步伐和速度前進，每次掌握一點點成功，最後才會遙遙領先。

（採訪整理／張慧心、楊育浩）

做人要像滾雪球，不要像吹汽球，任何承諾，不管大小都一定履行，一點一滴的累積，才能贏得別人的信賴。

人生的禮物
10個董事長教你逆境再起的力量

打乒乓球
對李成家的四個經營啟發

1.信心：比賽時，每個人都會緊張，你緊張，對方可能比你更緊張；你怕他，他就不怕你；你不怕他，他就怕你，勝利往往是有信心的一方。

2.氣勢：先贏兩、三個球很重要，氣勢一旦先壓制住對手，獲勝的機率就更高。

3.歷練：不放過任何磨練自己上場的機會，從比賽累積經驗，真正重要比賽就不怕怯場。

4.求勝：比賽的目的在求勝，寧願姿勢醜而贏球，不要因姿勢美而輸球。經營企業不應只求表面的漂亮，而忽略實質的穩健發展。

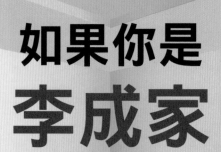

如果你是
李成家

⊙ 做事情，
　你能掌握20％的重點管理嗎？

李成家認為重點管理很重要，要訂定目標優先順序。
許多績效都是20％重要的部分，貢獻出80％的效益，
先做好重點的20％，就可掌握80分，如果行有餘力，
再1分、1分往上加，也可能達到100分。

◉ 你是等待機會的人，還是已經做好準備的人？

李成家規畫事情前會「做最壞的打算，最好的準備」，清楚下一步要做什麼。他認為機會永遠是留給準備好的人，所以一定得先做好前瞻性準備。

◉ 你花多少錢投資自己？

李成家認為對自己有形和無形的投資，是絕對必要的。投資自己最有價值，無論是追求知識、學歷，或無形的人脈經營。他在大學時就訂財經相關的報紙，並不是他比別人富裕，而是他認為那是未來從商必要的投資，因為「知識就是力量和財產」。

◉ 你能控制自己的情緒嗎？

李成家認為學習控制情緒，是成功者必修的功課之一。有時多忍耐一點點很重要，許多人不能忍耐，結果小不忍而亂大謀，造成誤事遺憾。

台達電子董事長

海英俊

持續學習、找到興趣，
勇闖一條前人沒走過的路

台大社會系畢業後，海英俊先至美國德州大學進修管理碩士，
之後便至眾人嚮往的華爾街金融圈歷練，50歲轉入科技業，不
設限自己的學習及求知欲，面對不同的產業，他加倍學習。現
在他接下台達電子創辦人鄭崇華的棒子，面對來自全球科技業
的競爭，他沉穩掌舵。他對人生及職場的選擇，是要走一條少
有前人走過的路，正如台達電子積極發展環保節能的路一樣，
他已將台達電子帶向另一個高峰。

靦腆不浮誇是外人對海英俊的第一印象，在未進入台達電子前，他一直在外商金融圈工作，歷經美國花旗銀行（Citibank）、摩根大通（JP Morgan）、雷曼兄弟（Lehman Brothers）、奇異融資（G.E. Capital）台灣區總經理，有著財務長才。

　　1994年，當他在奇異融資擔任台灣區總經理時，鄭崇華聽聞他的絕佳能力，邀請他出任台達電子監察人，他開始與台達電子結緣。

　　個性沈穩低調的他，和台達電子的企業文化相當吻合。1999年海英俊正式加入台達電子，擔任全球策略規劃部副總裁，2004年，經董事會通過，海英俊正式升任為台達電子副董事長暨執行長，那時他以專業經理人、美式的管理風格，為台達電子建立專業分工的制度。

　　台達電子一直是外資核心持股的主要公司，要繳出令外資信賴的成績單，實在不易。近十年來，台達電子的市值幾乎以倍增來形容，從600多億成長至2500多億，海英俊的傑出表現，不但取得鄭崇華的信任，也贏得投資者的信賴，他也在2010年榮獲CNBC「中國最佳商業領袖獎」及CNBC「亞洲最佳創新領袖獎」的肯定。2012年，海英俊接任台達電子董事長，外界也對鄭崇華這種傳賢作風極為推崇。

金融老手
轉戰科技業

　　這位作風樸實、沉穩低調的經理人，採訪時請我們不必稱呼他的頭銜，直稱他的英文名「Yancey」或「海先生」，拍照時更露出靦腆的笑容。

　　當記者問及，當時為何會從金融圈，轉換跑道到電子科技業，他謙虛地回答，雖然過去一直在外商金融圈服務，但始終覺得，台灣的經濟奇蹟是建築在電子科技業上，所以決定親身體驗參與這項台灣的經濟奇蹟。

在學校主修什麼，
其實並不重要，
重要的是如何持續學習。

世界一直都在改變，新東西不斷冒出來，除了持續學習外，沒有其他更好的方法。喜歡學習是最好的因應之道，看書、看雜誌、看電影、交朋友，都是學習的方式。

海英俊一進入台達電子，就發揮他的財務專才，為台達電子改善體質，在任投資長時，重新整理台達電子的轉投資事業，退出與台達電子本業不相關的投資事業。也因此後來台達電子能專注於電源供應器本業，成功將技術延伸至太陽能、節能等相關產品。

他也利用過去的外商經驗，將公司逐一制度法條化，他利用外商公司重視的制度原則，將台達電子的營運模式建構標準流程，取代過去靠經驗的生產模式。

他的美式管理風格，為台達電子建立了專業分工的制度。台達電子近十年營運屢創佳績，他不改其謙虛的特質，直說這是

人生的禮物
10個董事長教你逆境再起的力量

海英俊領導的台達電子是國內推廣綠建築的先驅,台達桃園研發中心(上圖)是一棟智慧綠建築,比一般建築節能53%。台達台南廠(下圖)則是鑽石級的綠建築,一進入大廳最顯眼的便是位於中庭的「友善的樓梯」,透過設計的巧思,鼓勵台達電子員工多利用樓梯。

「There is no loser in the winner team!」，
在贏的團隊中，是沒有輸家的。

全體同仁努力的結果。

樂活日
為工作儲備能量

在加入台達電子後，海英俊承受更多責任和壓力，他以身作則，經常工作到很晚，有時想早點回家吃飯，一看時鐘都9點、10點了。

長期下來，他發覺適當的休息是重要的。海英俊說，台達電子有一個「樂活日」（Lohas Day）文化，也就是每一個星期三，要求

人生的禮物
10個董事長教你逆境再起的力量

所有員工早點下班，可以去運動、看電影、陪家人吃飯……做什麼都好，就是不要加班。

　　他認為，放假就要適當地休息，員工要是以加班為榮，那情況就會很糟糕。因此，身為企業領導人的他，帶頭開始調整作息時間，且頗具成效。近一年來，他盡量使自己能提早到7、8點下班，和家人吃完晚飯後，固定的休閒活動，就是「視察社區」，用一雙腿大街小巷的走，一次可走上將近一小時，然後11點便就寢，早上6、7點起來。這樣讓他感覺隔天更有體力負荷沈重的工作。

海英俊參與2009年國際無車日活動，推廣環保節能的生活。

如果長期處於高壓的工作生活，許多文明病自然會產生。要紓解這樣的壓力，海英俊認為，保持開朗積極的個性是重要的。他提供一位醫師朋友建議解除憂鬱的配方，叫做「NEWSTAR」，包括「營養（Nutrition）、運動（Exercise）、水（Water）、陽光（Sunshine）、節制（Temperance）、空氣（Air）和休息（Rest）」。

他指出，這七種元素中最重要的就是「陽光、空氣、水」，儘管這是人生活最基本的要素，但忙到生活步調都亂了的時候，回過頭來，重拾最原始的需求，放輕鬆、晒晒太陽、多喝水、大口呼吸新鮮空氣、多運動，都對漸漸找回開朗的自己有幫助。

做自己喜歡做的事情，比較容易成功，但許多人並不知道自己喜歡的是什麼？我十分鼓勵年輕人，在發現自己喜歡什麼之前，一定要盡力做各種不同的嘗試，直到找到一份工作，讓自己覺得有興趣，那就好好繼續做下去。

人生的禮物
10個董事長教你逆境再起的力量

台達在全球有31個營運據點，海英俊不時要到各地與同仁開會。圖為2010年他參與台達在雲南麗江所舉行的渠道商大會留影。

台達贊助極地超級馬拉松健將林義傑徒步橫越大戈壁，圖為海英俊（左）特地前往嘉峪關助跑，共同呼籲世人珍惜水資源。

瘋藝術電影
喜歡到小眾電影院

在專業形象之外，海英俊心中藏著一個瀟灑浪漫的少年。問他的夢想是什麼，他說：「我希望有時間，把金馬影展的影片從頭看到尾」。

原來人文素養豐富的他，不但愛看書，也愛看電影。但他心神嚮往的絕非好萊塢商業娛樂片，而是非主流的國片、紀錄片和歐洲藝術電影。所以，當假日人人都往威秀影城鑽時，海英俊可能好整以暇地在傳統的小戲院欣賞他鍾愛的藝術電影。

海英俊喜愛的影片很多，而他看過最棒的影片，則是10多年前，一部贏得四個國際影展獎項的法國片《偶然與巧合》，這個故事描寫一段尋覓至愛的旅途告白，導演在探索最

找出一條前人沒嘗試過，卻能適合你興趣的道路，相對地，你成功的機會更大，生命有可能因此更富足與圓滿。

終的生命真諦時，進行一場又一場美麗抒情的運鏡，引領觀眾「從外到內」的審美歷程，他推薦大家有空一定要看看。

積極樂觀
人生可以很有趣

海英俊能夠從容悠遊人文與科技，即使身處產業最前線的壓力中，也不忘保持樂觀開朗的態度，這不但來自於多元的人文修養，也受到他景仰的人物，如台灣經濟奇蹟的推手——孫運璿資政、李國鼎資政影響。

我想送給年輕人的一句話是「Take the road less traveled.」（走一條少有前人走過的路。）在人生或職場的長路上，只要持續保持著好奇心，不斷學習，尋找屬於自己的興趣，就能走出一條屬於自己的路。

另外，清華大學前校長劉炯朗也讓海英俊佩服。劉炯朗曾受邀擔任台達電子子公司達創科技的獨立董事，讓海英俊有機會認識這位電機專家，同時也是國際知名的學者、中央研究院院士。

令他印象深刻的是，即使年近80，劉炯朗校長依舊十分活躍，不但沒有一絲退休者的消極思維，反而認為「Life can be interesting（人生可以很有趣）」，他認為社會需要笑聲，還出了「我愛談天你愛笑」的有聲書，用他的妙語如珠傳遞許多有趣的知識，完全活出了「人生七十才開始」的精彩，這份積極樂觀、貢獻社會的態度，令人非常敬佩。

此外，海英俊認為，關懷社會是企業的責任，因此，台達電子文教基金會為小學生製作教材，進行很多能源教育的推廣，希望讓環保、節能的觀念紮根，讓愛護地球，永續生存的作法代代相承。

樂於挑戰，開朗積極，並樂在貢獻與分享，讓海英俊的生活在平順中，同樣活出精彩的滋味。

（採訪整理／楊育浩、蔡睿縈）

人生的禮物
10個董事長教你逆境再起的力量

沉穩溝通
以「理」說服人

台達電子創辦人鄭崇華
曾對外界表示,自己最
欣賞海英俊的地方即是
「溝通」。當兩人意見
相左時,海英俊不會當
面反駁與他衝突,他會
事後收集有利資料、證
據,再找時間和角度說
服他。有好幾次鄭崇華
接受了海英俊的堅持,
事後也證明海英俊的說
服是對的。

如果你是
海英俊

◉ 你喜歡做什麼工作，
已找到自己的興趣嗎？

 海英俊認為，做自己喜歡做的事情，比較容易成功，他鼓勵年輕人，在發現自己喜歡什麼之前，努力做各種不同的嘗試，直到找到一份工作，讓自己覺得有興趣，就好好做下去。

人生的禮物
10個董事長教你逆境再起的力量

◉ 你懂得持續學習的道理嗎？

海英俊覺得，世界變化極快，不斷有新東西、新概念問世，要因應只有持續學習，而看書、看雜誌、看電影、交朋友，都是學習獲得新知的方式。

◉ 你會因大學主修的科系，而限制自己的工作發展嗎？

海英俊以自己為例，他大學念社會系，50歲前都在金融業工作，但轉進科技業後，就認真學習，學更多跨領域的東西，千萬不要因主修的科系，將自己的工作及出社會的學習變得狹窄。

◉ 要如何保持開朗積極的個性？

海英俊認為，不管工作、生活，都要保持開朗積極的個性。他提供一位醫師朋友建議解除憂鬱的配方，叫做「NEWSTAR」，包括「營養（Nutrition）、運動（Exercise）、水（Water）、陽光（Sunshine）、節制（Temperance）、空氣（Air）和休息（Rest）」。

他指出，這七種元素中最重要的就是「陽光、空氣、水」，忙到生活步調都亂了的時候，回過頭來，重拾最原始的需求，放輕鬆、晒晒太陽、多喝水、大口呼吸新鮮空氣、多運動，都對漸漸找回開朗的自己有幫助。

全家便利商店董事長

潘進丁

開拓視野，
走出不一樣的路

原在警界服務的潘進丁，毅然在32歲那年選擇赴日留學，回國後創業開啟他另一段通路人生。出身貧困農家的他，藉著苦讀與勇於挑戰自己的企圖，改變自己。

全家便利商店在籌備過程就備感艱辛，一開始起步也比同業晚了10年，好不容易要在市場站穩腳步時，1998年又遇上經營權的危機。潘進丁面對一次次的挑戰與難關，即使有說不出的壓力，仍然堅持挺住，他相信只要衝出逆境，就能像浴火的鳳凰，快速地從谷底躍起。

如果有穩定的公職工作，你願意放棄安定的工作和生活，選擇人生重新來過？潘進丁在32歲那年，做了改變他一生最重要的決定。那時他已在警界工作8年，擔任巡官的主管職，卻想停下腳步，到國外進修。考上公費留學後，遠赴日本，攻讀他從未碰觸過的商科，他知道這樣很辛苦，必須比別人花10倍力氣才能拿到經濟研究所碩士，但這樣的選擇讓他看到不同的人生視野。

　　回國後，潘進丁無法再回到公務體系，他到國產汽車任職。1988年是他人生的轉捩點，他常笑說，「1988年，生了兩個孩子。」一個是他的女兒，另一個就是他投入畢生心血的全家便利商店。

　　那年，臺灣的百貨業、零售通路風起雲湧，許多國內企業都想與國外企業合作，將流通產業帶進臺灣，國產也與日本Family Mart合作，欲跨入臺灣的流通產業，潘進丁就在這樣激烈競爭的環境下，接下臺灣全家便利商店負責人的擔子。

走過危機，脫穎而出
全家就是你家

　　「全家在前10年，算是在打基礎，開設500家店後，才算有了

經濟規模。」在經營初期，潘進丁就定下長遠的經營目標，他說服股東投入不少費用，建設自有的物流系統。不過，當全家擺脫虧損，逐漸要在市場站穩腳步時，1998年，全家卻遇上經營權的危機。

那時母公司國產發生財務危機，全家的原始股份切割給多家企業，造成在董事會上沒有股數過半，發生經營權不穩的問題。在潘進丁四處奔走下，取得日本Family Mart的信任，才穩定下來，通常企業遇到資金周轉問題及經營權不穩，都會元氣大傷，經營出現

失敗沒有關係，
重點是你知不知道失敗的原因。

大問題，但潘進丁和經營團隊努力讓傷害減損到最低，同時也讓股東、加盟主安心投資，歷經這次經營危機後，全家像浴火的鳳凰，很快地從谷底躍起。

「原本日方Family Mart一直很擔心，對於臺灣全家能這麼快就解決經營權的困擾，走出危機，覺得很不可思議。」潘進丁回憶當時的情形，不僅工作忙碌，更有說不出的壓力，因為自己一定要堅持住，才能讓股東有信心，讓員工安心。當時「每天睡眠差不多只有5小時，但是我總會在睡前看一些小說，紓解壓力，轉移自己工作上的焦點。」

授權不只是培養接班人，更重要的是塑造一個傾聽與溝通的組織文化。公司的未來，終究必須仰賴基層人才來推動，要是這些人覺得工作沒有成就感，不是離職，就是不再投入。

藉閱讀滿足求知慾
常保好奇心認識世界

　　面對工作壓力與種種困難挑戰，過往擔任警官的經歷與警大的求學過程，加上農家子弟的出身背景，使得潘進丁在遇到挫折時，不會選擇退縮，仍然勇敢往前。

　　學生時期，因家境不夠寬裕，潘進丁想讓弟妹有機會升學，選擇進入警察大學就讀。在警校求學期間，他曾拿過大專盃柔道比賽的冠軍。「在警大大一時學柔道、摔角，3年後參加比賽，沒想到拿了冠軍。」潘進丁笑說自己是無心插柳。不過，大學時代最令他難忘，津津樂道的是

領導者一定要具備專業素養，我也是從頭開始學習，但是我強迫自己在極短時間內成為專家，帶領大家一起成長，讓公司快速進入狀況。

潘進丁

年輕時就喜歡接觸大自然的潘進丁，曾在讀警大的一年暑假，騎腳踏車環島36天，那次環島讓他
體會臺灣風光明媚，值得一再探訪旅遊。

1972年那年暑假，騎腳踏車環島36天，他印象中，腳踏車都快騎到變形了。那次環島，讓他體會臺灣風光的美好，與難忘的純樸。

「我在學校時並不是很用功的學生，但是我很喜歡閱讀看小說，那時是戒嚴時期，學校圖書館典藏許多外面看不到的書，我會好奇的借閱。」喜歡閱讀和富有好奇心是潘進丁至今一直保有接觸外界的好習慣，每每許多新的科技產品，潘進丁總在同仁還未接觸使用前，就已經買來研究。

假日時，潘進丁喜歡逛一些新開有特色的店家、百貨、賣場，到國外旅遊時，他也喜歡接觸各樣不同的銷售通路或者對國外流行的事物感到好奇，這些都是他工作靈感的來源之一。

工作就像Family
讓年輕幹部找到成就感

現在全家便利商店在臺灣已有2800多家門市，也以臺灣為基地，深入中國大陸展店，達到約千家的規模，短短25年，全家的快速成長，繳出亮眼的成績，潘進丁不居功的把功勞分享給經營團隊。

近期全家也有烤番薯、霜淇淋等經營創意，潘進丁說，「我們

有很好的創意團隊，這些好點子都是員工激發討論出來的結果，但是好創意仍得通過市場考驗，我們先選定一些點做試驗，成功後我們才會大規模投入各家店去運作。」

近年來，全家往大陸積極展店發展，因為潘進丁想為企業內部的優秀幹部找舞臺，創造發展空間，他期許年輕的幹部，能夠有更多的發揮，找到自己的成就感。

做事要有拚戰活力，
要像運動員，想辦法追求第一，
若以第二為滿足，一定會後退。

潘進丁常會在假日與太太四處健行、爬山，或是休假期間到國外走走。到國外旅遊時，他喜歡嘗鮮，接觸一些新的
事物，因為這些都是他工作靈感的來源之一。

潘進丁認為，通路也可成為號召社會參與的最有效率平台，全家便利商店曾與紙風車基金會合作，將歡笑滿溢的紙風車表演，送進台灣偏遠鄉鎮。圖為潘進丁觀賞參與紙風車石門場的演出。

重視團隊合作
培養人才，傳承服務信念

潘進丁回想25年前，全家剛成立的初期，在臺北地區的店家不到30、40家，他經常會和總部的幹部同仁，一起到各店去幫忙擦拭

貨架、擺放販售商品，和基層店員溝通，傳達經營理念，彼此交換工作心得，「工作就像『Family』的感覺，有家的關懷」。因為這樣的互動，潘進丁更能同理基層人員的辛苦，也能感受店員一定要有主動、熱誠、積極服務的特質。

對於未來的經營重點，潘進丁更體認到人才的重要性。

「人才，要自己培養」，他希望能將自己的經驗傳承給下一代，在公司也創設「全家企業大學」，延聘各界菁英講師為員工講授訓練課程，讓員工學到管理實務。

受日式教育的影響，潘進丁在工作上並不馬虎，重

領導者與管理者最大的區別在於，領導者除了管事，更必須懂得帶人，並且提出做得到，並引起員工共鳴的願景，吸引員工一起跟隨與努力，建立起領導者的信賴感。

視每次與團隊的會議與報告。經營管理上，他更強調落實「PDCA管理循環理論」，這是美國學者戴明提出的理論，戴明博士的學說，深深影響日本的工商業。PDCA即是Plan、Do、Check、Action，計劃、執行、檢驗、採取行動，然後不斷循環。

潘進丁私下個性隨和，他樂於與人分享他的所見所聞，「其實我很好動，喜歡到處走動，發掘好奇新鮮的事物」，潘進丁笑談自己的個性。

2013年，全家在台灣已經25年了，全家藉著員工騎自行車的活動，沿途停駐串起全臺每一家全家便利商店，也象徵著情感牽在一起，服務的信念繼續傳承下去。

（採訪整理／楊育浩）

獨特性才能具有品牌價值，想要突圍就要創造自己的風格，走自己的路最好。

人生的禮物
10個董事長教你逆境再起的力量

日本治學精神
內化潘進丁的行事作為

傳統日本學者治學嚴謹，潘進丁憶及當年在日本求學時，有一年元旦前的跨年夜，他的指導老師還從研究室趕回住所，邀潘進丁至家裡討論功課，結果聊至半夜，直到潘進丁要回家，發現車子困在雪中無法動彈，老師趕緊幫他鏟雪。潘進丁從老師鏟雪的身影與認真治學的態度發覺到，專注、勤奮、傳承三個精神是他可學習的價值，後來他也用嚴謹的治學態度，規劃全家零售流通業的版圖。

如果你是
潘進丁

◉ 你喜歡閱讀嗎？如何閱讀？

潘進丁藉由閱讀滿足自己的求知慾，他把閱讀分為on與off。on指的是因應工作需求而選擇閱讀的書報雜誌，off則是指他平時的閱讀重點，他喜歡看小說，特別日文小說，其中他最喜愛日本小說家淺田次郎的作品。

人生的禮物
10個董事長教你逆境再起的力量

你有好奇心嗎？
你如何開啟你的好奇心？

好奇心一直是潘進丁至今保有接觸外界的好習慣，每每許多新的科技產品，潘進丁總在同仁還未接觸使用前，就已經買來研究。假日時，他喜歡逛一些新開有特色的店家、百貨、賣場，到國外旅遊時，也喜歡接觸各樣不同的銷售通路或者對國外流行的事物感到好奇，這些都是他工作靈感的來源之一。

如果你是部門的領導者或是公司老闆，
遇到經營的壓力，該如何調整心情？

潘進丁回憶當時面對經營權的紛擾時，自己不僅工作忙碌，更有說不出的壓力，但是他告訴自己一定要堅持住，才能讓股東有信心，讓員工安心。雖然每天睡眠差不多只有5小時，但是他會在睡前看一些小說，紓解壓力，轉移自己工作上的焦點。

生命中，你曾嘗試過什麼挑戰，
磨練自己的勇氣與膽量？

潘進丁一直難忘，1972年那年大學的暑假，他騎腳踏車環島36天，印象中騎到腳踏車都快變形了。那次環島，讓他見識了許多不同的人事物，體會臺灣風光的美好，與難忘的純樸。

和泰興業董事長

蘇一仲

人生要更好，
就由心開始改變

20多年前大金空調還默默無名，如今已是臺灣變頻冷氣的領導品牌，這都得歸功於幕後推手──蘇一仲的獨到創意與經營。積極以赴的態度，搭配「要做，就做到最好」的執行力，讓他屢屢克服挑戰。不管是經營企業遇到困難，或人生遇到的挑戰，他牢記聖嚴法師生前開示的「四它主義」──面對它、接受它、處理它、放下它，勇敢接受面對，並冷靜處理，讓自己學習用智慧去化解每個逆境。

「哇姓蘇，just call me安東尼奧！」以高亢熱情的腔調，結合台語、英語、007龐德式自我介紹的和泰興業董事長蘇一仲，爽朗幽默的隨和、和朋友相處時喜歡變魔術逗人開心、樂於與人為善等特質，與一般嚴肅自持、注重形象的企業董事長迥然不同。

不少人誤以為蘇一仲是日本人，因為他在自家廣告中，穿著日本和服扮演空調大師的形象，塑造得極為成功，讓人印象深刻，事實上，他是道地的彰化鹿港人，他說話喜歡有時穿插台語，逗旁人開心。

令人驚訝的是這位經營者在笑談用兵之際，還能演什麼像什麼，成功地讓很多商辦及建案使用他們的產品作為中央空調設備，成為台灣變頻冷氣的指標品牌。

面對業績不振、工廠大火等考驗
接受處理後放下，營收反而超越

2008年金融風暴讓國內企業遭受不小打擊，但蘇一仲認為，人生道路很少一帆風順，顛簸、挫折都正常，不妨以「順向緣」和「逆向緣」來看待；順境時固然開心愜意，逆境時則當成學習的課題。

不要羨慕他人財富，
富人反倒會羨慕你的青春年華。

目前大金空調廣為消費者所知，回顧20多年前，這品牌在台灣默默無名，一路走來，遭遇過兩個最大的衝擊，一是能源危機，二是日幣升值，導致國際間各種成本不斷攀升，無論採購、備料、匯兌、出清庫存等，每一步都走得戰戰兢兢，害怕一不小心就損失慘重。

面對不順遂，蘇一仲牢記聖嚴法師生前開示的「四它主義」──面對它、接受它、處理它、放下它，簡單卻受用無窮。「遇到

改變，有時或許是被迫的，但改變的目的仍在於讓結果更好，甚至達到最好。所以要最好，你非變不可。

問題絕不能逃避，像生病一定要看醫生，勇敢面對、接受，才會冷靜下來思考，而一旦做了自認最智慧的決策，不論結果如何，都要真心放下、不再煩惱。」

事實證明照著「四它主義」做，往往能順利避險、全身而退。

像某年公司業績極為不振，屋漏偏逢連夜雨，工廠發生大火、家中長輩也在此時過世，可說所有不如意全集中在一起。

但很奇妙的，接受這些事實，做了應變的決策，經歷這場大火後，公司突然興旺起來，完全印證佛家說的「逆增上緣」：歷經逆境考驗，反而

人生的禮物
10個董事長教你逆境再起的力量

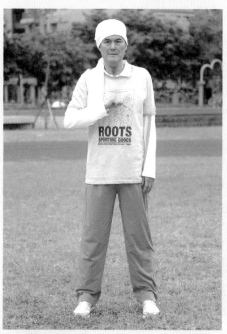

蘇一仲多年來已養成每天清晨運動的習慣。最近更熱衷養生氣功，他認為人要活就要動，他建議每個
人要選擇適合自己的運動，並且持之以恆，因為健康是最重要的。

超越以往。

用經營企業的幹勁
減重10公斤

年輕時熱愛藝術，不過，大學聯考時以第三志願考上政大外交系，選擇學習實用的溝通與談判。出國進修時棄政從商轉念企管，雖然經營企業不是處理國家大事，但他發現，不論浸淫藝術或就讀外交系，「一理通，事事通」，很多能力一生受用。

蘇一仲的用心不僅表現在事業經營；在健康管理也顯露堅持的毅力。像他幾年前刻意減重10公斤，在醫師指導下，他忌口，持續3週餐餐吃燙青菜、1週吃水果，搭配維持多年的運動

《金剛經》有一句話：「應無所住，而生其心。」「住」就是執著，翻成白話文的意思是：不在任何事物或想法上產生執著，自然會生出智慧去處理很多事情。

人生的禮物
10個董事長教你逆境再起的力量

習慣、推拿打通經絡，一口氣瘦了13公斤，其後體重小小反彈3公斤，目前是73公斤，維持理想體重。

他坦言，隨年齡增加也提升「三高」機率，因為憂慮心臟血管必須裝支架，所以刻意減重，他也從中悟出心得，「人要健康，

人生四業：就業、職業、事業、志業，依年紀、經驗不同呈現，重點是心態，自問自己，「你能把事情徹底做好嗎？」改變自己遠比改變別人容易，因為自我意志是掌控在自己的手上，而「境隨心轉」，只要換個角度想，在遭遇環境的挑戰時，或許是另一個機會。

蘇一仲喜歡把快樂帶給眾人,他認為把好事情
分享給大家,讓眾人快樂是最好的。即使是從
事每天例行的運動,他的爽朗隨和、幽默風
趣,總讓一同運動的朋友開心不已。

最重要是適當飲食、適度運動、充足睡眠、正面情緒、規律生活。」

減重期間，如何抗拒美食誘惑？蘇一仲說，善用眼耳鼻舌身意等六根，雖然嘴巴不能吃，但能眼觀色、耳聽音、鼻聞香。忌口3周後，第4周的第一天吃下第一口稀飯加胡椒，直覺是天下最美味的食物。他強調「信願證行，有了意念，減肥變得容易，若沒建立習慣，就難持之以恆。」

不管幾歲
都要將健康擺第一

除了飲食控制，蘇一仲

快樂，操之在己。
不管自己快樂不快樂，
能把好事情分享，讓大家都快樂是最好的。
自娛娛人最好，獨樂樂不如眾樂樂。

蘇一仲 85

蘇一仲的吐納心法，透過吸氣吐氣，帶動體內的氣脈運行，他認為健康就是精、氣、神要達到最佳狀態。

多年來養成每天清晨6點到7點半，風雨無阻慢跑的習慣；最近更熱衷中國養生氣功，內含「動功」和「靜功」兩部分。其中，「動功」結合慢跑和吐納心法，帶動體內氣脈運行，達到按摩內臟的功效；「靜功」則結合意念和瑜伽心法，洗滌體內濁氣。

「人要活就要動，我不只全心做氣功，也鼓勵親友找出適合自己的運動，持之以恆。」畢竟名聲、財富、學位等，都能為人生增加一個0，但若沒有「健康」這個1，後面再多的0也是徒然。

人生的禮物
10個董事長教你逆境再起的力量

「不管幾歲，都要將健康擺第一。唯有把身體照顧好，才有精力去應付各種狀況。」也因此，他到國外出差時，一定優先考慮住在周遭有公園的旅館，持續練功。

　　蘇一仲認為「健康」就是精、氣、神達到最佳狀態，也是「神清氣爽，精力充沛」，他笑言，「如果國民都能保持健康，就能減少健保資源的消耗，國家省下的錢可以做更多有意義的事，這就是真正愛台灣啦！」幽默風趣的他還模仿政治人物的選舉語言，用台語反問，「你講對不對啊！」

六十歲以前，
是你用身體換一切；
　　六十歲以後，就
是用一切來換身體了。

每天都是新的一天
兢兢業業面對挑戰

儘管經驗與智慧的累積，讓蘇一仲面對逆境時泰然自若，可是，他從不認為自己「已經成功」，因為「過去成功不代表未來會成功」，所以總喜歡把每天當成新的一天，兢兢業業地面對挑戰，以領導者的風範和承擔聚集人才、激勵士氣，朝目標努力。

蘇一仲表示，「十分欣賞奇美集團許文龍董事長的領導統馭風格，期許自己師法他充分授權，『每天都能去釣魚』。」與公司團隊相處，他謙稱同仁大多是「諸葛亮」，自己才是「臭皮匠」，每天負責提醒同仁：隨時要想到可能面臨的新挑戰，新競爭者，新產品，新方法。

喜歡輕鬆氣氛的蘇一仲，不論在什麼場合，都扮演令人詼諧一笑的開心果。「也許老一輩的企業家不太習慣，但人生不要太嚴肅，『鬥陣』來趣味，紓解壓力，反而會有更從容的表現。」從歲月累積的智慧，他瞭解凡事「凶中有吉，吉中有凶」，得失心也不再那麼重。

（採訪整理／張慧心、楊育浩）

10秒鐘
可以改變一生

不論經營事業或從事社
會公益，都充滿活力和
行動力的蘇一仲，長期
以「10秒鐘可以改變
一生、改變一件事」鼓
勵大家「勿以善小而不
為」。他期許自己，帶
動年輕人對工作盡忠職
守，對社會服務回饋，
快樂積極的過好每一
天！

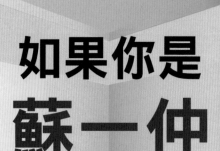

如果你是
蘇一仲

◉ **你能讓身旁的人，因你而感到快樂？**

蘇一仲喜歡自娛娛人，他認為獨樂樂不如眾樂樂，不管自己快樂不快樂，能把好事情分享，讓大家都快樂是最好的。

人生的禮物
10個董事長教你逆境再起的力量

⊙ 不順遂時，你如何面對？

蘇一仲認為，遇到問題絕不能逃避，要勇敢面對、接受，一旦做了自認最智慧的決策，不論結果如何，都要真心放下、不再煩惱。

⊙ 你能持之以恆，做好一件事嗎？

蘇一仲以自己「減重」成功為例，強調要信願證行，有了意念，減肥變得容易，若沒建立習慣，就難持之以恆。

⊙ 你會把「健康」放在人生第幾順位？

蘇一仲認為不管幾歲，都要將健康擺第一，唯有把身體照顧好，才有精力去應付各種狀況。

八方雲集董事長

林家鈺

貧窮能翻身，
給自己再站起來的力量

從小家境清貧的林家鈺，小學曾因一次註冊費拖欠未繳受罰，讓他極度自卑，但也激起他的上進心。半工半讀完成學業後，每天超過14個小時投入電梯維修工作，終於讓他擺脫貧困。人生看似自此一帆風順，結果他深陷股海10年，47歲時散盡所有家產，人生退回原點，還負債2000萬。他不退縮，靠著賣水餃還債，再次成功翻身，他期望自己的成功能幫助窮人，複製給更多中年失業的人參考，就在事業邁向高峰時，他又遇到罹癌的打擊，面對人生的起伏，他是如何看待自己宛如戲劇化的人生……

走進淡水的後山，抬頭遠望，還可看到每年櫻花季節熱門的賞櫻景點天元宮。不過在清幽處的一端，有一棟新穎的廠辦大樓矗立著，這裡是八方雲集的總部，一樓整齊排列著生產工具，原來這裡也是中央廚房，供應著每天到各連鎖店，食客必點的水餃、鍋貼、豆漿等。

採訪團隊搭上電梯到辦公室，電梯門一開，窗几明淨，新穎的裝潢設計，還有歐式的餐桌吧台，時尚的質感讓人以為到了外商或高科技公司。但總部的主人，並非衣錦奢華，反而是簡樸的穿著，有點鄰家伯伯的靦腆與親切，他是八方雲集的創辦人林家鈺。

打造讓顧客、員工
都感到幸福的企業

八方雲集打破一般人對做小吃，比較隨性不講究的刻板印象。「從研發口味到檢測食材、配送過程，我們都希望做到專業，顧好品質，最後送到店裡讓客人吃得安心。」林家鈺不疾不徐說著。而辦公室一角獨立隔間的玻璃室，穿著白袍無塵衣的研究人員檢驗著食材，正是在為料理的安全性做把關。

林家鈺的用心不只在食材、口味的嚴選上，為了打造專業的

總部，從尋覓地點，到大樓、廠辦、物流的一點一滴，他都親身參與，細心規劃，因為他想帶給員工更好的工作環境，他對員工的照顧和貼心在今年的尾牙上就可以看出。

2012年，當他在公司的尾牙餐會上，說出要送出一間面對宜蘭親水公園、20坪大的套房時，現場的員工都直呼不可思議，其他時下流行的iPhone、iPad、液晶電視、電冰箱、摩托車、國外旅遊等，都規劃在人人有獎的獎項內，讓在場的每一位員工，無不感到窩心。他說：「我們雖是小公司，但要有大志氣，我希望讓每一個員工都感到幸福！」

47歲時，我的人生回到原點，而且還負債兩千萬元，那時我只有兩種選擇：一是自殺，二是另起爐灶。但即便我怎麼失敗，卻從沒有過自殺的念頭，我相信我會東山再起。

從黑手努力做起
為脫貧，每天工作超過14小時

「人生要以快樂為目的！」這是林家鈺的信念，也因為這個信念，他面對人生的多次挫折，都能再站起來。

從小家境清貧的他，一直很害怕上學，因為小學一次註冊費拖欠未繳，被點名罰站的經驗，讓他極度自卑。但也激起他奮發刻苦的力量，他一直告訴自己，一定要比別人更努力，一定要成功，一定要幫助家人脫離貧窮。

他半工半讀完成學業，台北工專畢業，就投入電梯維修工作。每天工作超過14個小時，帶著電梯機油的味道回家，像是稀鬆平常的小事。他努力把電梯維修技術做到最好，許多別人無法修復的電梯，也幾乎上門找他維修，接著他創業當老闆，維修電梯，也代理銷售電梯，事業有

> 賺吃，要看自己是不是吃苦的料。
> 再有錢，不自己下來做，是不會成功的。

人生的禮物
10個董事長教你逆境再起的力量

為了協助更多弱勢族群及癌症兒童，2011年11月27日八方雲集與新北市政府聯合舉辦公益路跑賽，路跑路線特別讓跑者登上台64快速道路，享受居高臨下的絕佳視野；除此，林家鈺更代表八方雲集將全數跑者的報名費捐贈新北市復康巴士及中華民國兒童癌症基金會，讓身心障礙朋友及癌童們不再囿限於身體的障礙，每一天都充滿希望與陽光。

了成長，也累積了一些財富。

這是他的前半生，看起來已從貧困的逆境走出，人生似乎應該自此一帆風順，結果他的人生出現戲劇性的轉折。

深陷股海10年
中年散盡所有家產

1988年，在一次偶然的機會，林家鈺接觸到股票投資。本來對股市不熟悉的他，因為好奇心的促使，衝動買了股票，結果一買就跌停，愈想攤平，結果愈陷愈深。他事後回想，那時的時空背景正是財政部有意課徵證所稅的時候，他在毫無了解下，因「貪念」愈陷愈深。

「愈賠錢，心裡就愈急，愈亂了分寸，」他沉迷在股海裡，工作也忘了，最壞的是，他竟賣掉房子去買股票，甚至在「想贏回來」的念頭驅使下，借錢去投資。

一晃10年過去了，他什麼都沒有得到，47歲那年，他再也找不到借錢的管道去攤平股票的損失，他茫然的盤算自己的損失和負債，居然高達2000多萬。

林家鈺的人生不僅退回原點，甚至還倒退成負的人生。「那

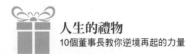

人生的禮物
10個董事長教你逆境再起的力量

癌症是上天給我的禮物。賈伯斯說：「死亡，是生命中最棒的發明」。人都會死，但我們不要害怕，今生要活得精彩燦爛，並且要為自己設立目標。我的金錢觀、生活的態度，讓我更注重健康養生，家庭也變得和諧。

時，似乎找不到路走下去，但如果一走了之，把負債的責任留給家人去解決，這樣更不對。」於是，他選擇勇敢面對問題。自知快50歲的年紀，很難再去公司上班，而且上班族的薪水也很難償清債務，於是他想到自己很會包水餃，樂觀地想著，如果開家小店，1顆水餃賺1塊錢，1天如能賣幾千顆，錢很快就能賺回來。

他又重拾年輕時工作的拚勁，而且這時家裡多了很多雙手出來幫忙，他很感謝妻子和孩子，當時頂著旁人異樣的眼光，埋頭辛苦包水餃。

不要失敗就想不開
吃苦，水餃也能變元寶

「只要肯努力，水餃也能變元寶」，走進八方雲集的各地分

店，一定會看到這塊明顯的字句掛著。這句話，也在林家鈺身上得到印證。

「這是必須流汗吃苦的行業，雖然沒有暴利，但絕對足以溫飽。」他以自己的經驗，希望能幫助中年失業或貧困者再創生機，於是，八方雲集開放加盟的條件有所選擇，希望幫助窮人，而且加盟者一定要受訓，親自做3個月，通過總部的要求才能開店。

林家鈺覺得，「再有錢，如果不自己下來做，是不會成功的，我們要看加盟者是不是吃苦的料，適不適合做這行。」因為許多加

只要肯努力，水餃也能變元寶。做吃的，是流汗吃苦的行業，要秉持著「沒有暴利，但絕對足以溫飽」的信念，只要能夠堅持這樣的理念，不要說非常成功，要溫飽絕對沒有問題。

人生的禮物
10個董事長教你逆境再起的力量

喜歡跑步的林家鈺，總會帶著朋友、員工一起參與路跑活動。

林家鈺感謝太太在他人生最低潮的時候，總能給他鼓舞支持的力量。

盟者經濟並不富裕，多半都是借錢來加盟，所以在八方雲集的拓展上，他將心比心，每一步出手都很謹慎。「我希望到八方雲集工作的人，都能改善生活。」林家鈺與員工搏感情的互動，讓員工都想賣力為他打拚。

「我希望每個加盟店都能賺到錢，來加盟我們的也是窮人，多半是標會或向親友借錢來加盟，我怎麼能夠讓他創業失敗、又負債？」林家鈺談起自己在股海起落的心得直言，「做老闆一定要有良心，那些坑殺投資人、坑殺員工的，怎還吃得下飯？沒有良心的老闆，不會有好下場。」他期望自己將心比心，用心對待員工。

把罹癌當生命禮物
珍惜現在的擁有

「人生起起伏伏，尤其我的人生更是誇張！」4年前，正當林家鈺的事業開始邁向高峰，八方雲集準備要國際化踏進香港時，上天又給了個難題：讓他罹患淋巴癌。

他沒有太多氣餒的聲音，只想，「我這樣忙碌工作，三餐不定時，又沒好好睡覺，不得癌症，那誰得？」他的心境很豁達，並且積極配合醫師的治療。

走過這段治療的過程，他提醒癌症病友，心理建設很重要，得到癌症並不是絕望的事，只要積極配合治療，都能治癒，千萬不要找偏方。同時，每天固定運動，也很重要。現在他每天一定會找時間去走路、跑步運動，假日和家人一起到山上走走。

　　「癌症是上天給我的禮物。」林家鈺覺得癌症雖然治療時有些痛楚，但在那段期間，讓他心境更為開闊，更懂得惜福，珍惜現在所擁有的一切，更懂得生命的意義。

罹癌後，我一點感覺都沒有，
因為我一生已過得很精彩，
我曾經很窮、曾經有錢、曾一敗塗地，
現在還能照顧更多人，我已知足了。

投入公益活動
培養未來的主人翁

　　2011、2012年，八方雲集積極投入公益活動的運作，在新北市舉辦路跑活動，頭一年參賽者報名費全數捐給新北市復康巴士及中華民國兒童癌症基金會、第二年參賽者報名費，也全數捐贈新北市復康巴士及董氏基金會作為「樂動少年計畫」使用。林家鈺希望藉由路跑活動，讓參加的人不只是健身，更能集眾人的善款捐助給需要幫助的人，並鼓勵下一代運動。

　　2011年10月10日，林家鈺也成立八方雲集社會福利慈善事業基金會，他想成立一所有教育理想的菁英育幼院。他回想自己小時候，學費繳不出來的困苦，因此他希望栽培一些家境貧窮的小孩，有機會上好的私立學校，接受好的教育。初期會評選30位孩子，協助他們讀到大學。

　　談到心中企業家的典型，他欣賞王品集團董事長戴勝益的經營理念和照顧員工的作法，「我的首要目標，是要讓員工過得更好！」他期許自己打造一個幸福的企業！

（採訪整理／楊育浩）

人生的禮物
10個董事長教你逆境再起的力量

想成功，
先要吃苦流汗！

林家鈺提醒中年轉業、中年
想創業的人，一定要先做好
5項心理建設：

1. 要放下身段。
2. 把過去切斷，向前看，
   不回頭。
3. 風光是過去的事，不要
   再迷戀過去。
4. 要腳踏實地做事。
5. 不要妄想做輕鬆的工作。

如果你是
林家鈺

◉ **投資股票時，是否了解投資風險，
還是一知半解，甚至借錢投資？**

林家鈺回想自己錯誤的投資經驗，因衝動好奇買了
股票，結果愈陷愈深，整天沉迷股海，忘了工作，
甚至借錢去投資，結果愈套愈深。

◉ 如果到了中年，一無所有，甚至負債千萬，你會怎麼面對未來的人生？

 林家鈺不逃避現實並付出實際行動，他想到自己很會包水餃，樂觀地想著，如果開家小店，1顆水餃賺1塊錢，1天如能賣幾千顆，錢很快就能賺回來。

◉ 有人說，做吃的很好賺，你如何看待餐飲業？

 林家鈺強調，做吃的，是必須流汗吃苦的行業，要秉持著「沒有暴利，但絕對足以溫飽」的信念投入，他認為不能吃苦，不適合做這行。

◉ 你如何看待「死亡」？

 林家鈺坦言，人都會死，但不要害怕，不要畏懼死亡，重要是活著的時候，要活得精彩，並且要為自己設立目標。

合隆毛廠董事長

陳焜耀

敗中求勝，
懂得捨才能有得！

合隆毛廠，一家超過百年歷史的羽絨製品製造廠，也是亞洲歷史最悠久、布局最廣的專業羽絨製造廠。不過在20多年前，合隆毛廠卻曾因分家，客戶大量流失，導致快瀕臨破產的困境，第四代經營者陳焜耀，以二房（細姨）之子的庶出身分，在營運危機中，接下搖搖欲墜的老店，但他堅信沒有夕陽產業，只有夕陽腦袋，為這個產業求創新突破，終於找到羽絨產業的一片天……

輕飄飄的羽毛，曾是合隆毛廠董事長陳焜耀不可承受之重，但如今，合隆不但是經濟部選出的2012年度優良百年老店，在全球各地獲獎無數，陳焜耀本人更在2006年首度以亞洲人的身分，出任國際羽絨羽毛局技術委員會主席的角色，成功帶領亞洲羽毛業登上國際舞台。

　　陳焜耀學生時期常到工廠打工，更小的時候，還坐在摩托車前面油箱上陪爸爸去工廠，就像西部牛仔般，覺得很威風。「雖然我是庶出二房的小兒子，卻和爸爸始終很親密，但一開始，我只想當老師，根本不想碰家族事業，只求有間房子安穩過一生。」

　　陳焜耀將日本明治時期著名的思想家福澤諭吉的「商人之道」奉為信念，並翻譯如下，時時提醒自己：「商人要期盼危險經常發生，從中賺取利潤，卻不能掉到危險的漩渦；安全的道路是女人與小孩走的路，商人要走別人沒有走過的路！」

人生的禮物
10個董事長教你逆境再起的力量

在父親堅持下，陳焜耀打消出國夢，待在父親身邊學習生產羽毛技術。1990年，陳焜耀被迫接手臺灣合隆，原因是父親突然罹癌，病情迅速惡化，庶子的身分在家族兄長堅持分產時，不敢爭多論少，致使最後只分得合隆毛廠這個最不被看好的工廠，加上所有的人又無意經營深圳廠，陳焜耀只得變賣個人的家產，吃下兩家公司的持股，一下子就陷入無現金周轉的危機中。

太過依賴單一市場
導致營運出現危機

「爸爸臨危時一再交代：絕對不可分家！但兄長卻堅持分家，力量一下就分散削弱了！」

我從出生就在敗部，這輩子好像都在敗部求活。但正因如此，每一次勝利的意義，我都比含銀湯匙出生的人更懂。

臺灣羽絨產業能生存至今，除了世代傳承的一分使命感，更必須不辭辛勞，全球走透透。

在此之前，陳焜耀跟著父親學做生意，好不容易打開日本市場，營業額幾乎百分之百依賴日本，甚至主要客戶就占總營業額的七成。

這種失衡的「體質」，導致後來百病叢生。「因公司風雨飄搖，同業都在一旁等著看合隆垮台，而公司一手栽培出來的業務人才，也因信心不足，紛紛另立門戶，還回頭搶走日本的訂單，讓公司陷入絕境，連買原料的本錢也沒有。」

此時陳焜耀想起「好久沒和美國人做生意了！」於是積極開拓美國訂單，正好美國廠商也備受中國羽毛製品品質低落之苦，急著尋找合作夥伴，而臺灣合隆早已達到日本業者挑剔的高標

人生的禮物
10個董事長教你逆境再起的力量

準。當下雙方一拍即合，臺灣合隆絕地重生，自此生意愈做愈大。

　　如今合隆在加拿大、德國、波蘭和日本都有投資相關企業，光是亞洲就有六個生產基地，更掌握了冰島雁鴨、加拿大白鵝羽毛羽絨等世界頂級羽絨的主要產量。合隆產品主要分成三大類：一是羽絨原料，二是寢具產品，三是一般成衣，少部分內銷，絕大部分外銷至歐洲、美國、日本、韓國等世界各國，且從工業產品到消費性產品皆系列完整，消費性產品更打出自有品牌，不論羽絨被、羽絨枕、睡袋、夾克和背心等，高品質的羽絨製品都帶給消費者一個穿、蓋舒適的新感受。

國際羽絨羽毛局（International down and feather bureau，簡稱IDFB）一年一度的國際年會，2013年6月18日首次在臺灣舉辦，陳焜耀是現任IDFB技委主席，也是臺灣區羽毛輸出同業公會理事長，會中與合隆毛廠員工合影。

學習想要有好成績
一定要找最好的教練

回首笑看當年，習慣逆來順受的陳焜耀，並沒有因起步比別人差而怨天尤人，反而認為「從人性觀點來看，這一切都很正常！」當年被譏「留下來沒路用的」一群忠心員工，如今不論事業發展和物質報酬，都遠優於當年的離職者，證實天道仍在、義理常存。

「當時壓力真的太大了，導致我長期服用鎮定劑、安眠藥才能作息正常。」但陳焜耀知道，長期吃安眠藥、鎮定劑終究不是辦法，可是一躺上床，想到別人說的閒話、人事問題、資金問題、客人質疑、旁人嘲笑等，壓

我想能挺過那段難關，
讓我至今還能健康活著，
是因為一直有在運動！

人生的禮物
10個董事長教你逆境再起的力量

力大到根本睡不著。「我想能挺過那段難關，讓我至今還能健康活著，是因為一直有在運動！」陳焜耀石破天驚般的說出這個結論。

陳焜耀學生時期並沒有特別鍾情運動，但上成功嶺因同袍撞他，還挑釁「文的武的隨你挑」，下定決心學好跆拳道。到專科畢業時，陳焜耀已從國軍教練總館拿到黑帶一段的資格，學會一身紮實的拳腳功夫。入伍時因這資歷，不但備受禮遇，肩負苦拳道帶操重任，更被推派參加國軍體能競賽，成為金門地區兩位代表選手之一。

進入公司後，因父親時任美麗華飯店董事長，為了幫父親和日本客人應酬而學打高爾夫，卻覺得一次得花五、六小時，實在很沒

退休，不是靜態的，
而要找尋積極的目標，
讓自己繼續迎向另一個挑戰。

效率。之後又效法歐洲上流社會學騎馬，還曾騎著一匹「完全沒有看頭」的受虐馬，獲得中正盃馬術障礙賽冠軍，只是經常騎完全身痠痛，並沒有達到健身的目的。

有一次陪兒子去跆拳道館，順手卻拿不起一旁的啞鈴，加上全身腰痠背痛，陳焜耀才下定決心加入健身俱樂部。「一開始教練要我『把自己當成殘廢的人做復健吧』，不要急著練身體，但後來經過一系列課程，我愈練愈有興趣，還參加健美比賽拿獎牌哩。」

2011年9月陳焜耀參與「擁抱絲路」計畫，並與大兒子擔任「絲路大使」，從西安加入最後200公里的賽程，並與超馬好手林義傑等人一起以長跑方式橫越古絲綢之路的壯舉。

就像做事業，陳焜耀只要下定決心，一定要找最好的老師，達到最佳的效果。

跑步跑成興趣
成功挑戰馬拉松

養成運動健身習慣的陳焜耀，一直想甩開鎮定劑、安眠藥的依賴，卻不太容易，直到兒子從國外讀完書回國加入公司，有一次約老爸去跑ING台北國際馬拉松，卻只幫陳焜耀報名9公里組。

陳焜耀早早跑完，站在終點苦等兒子出現，結果看到兒子時，發現他腋下及乳頭都因磨擦而流血，手上卻拿著完賽紀念獎牌，令陳焜耀羨慕得流口水。隔年，父子兩人報名全程，兒子還

跑過極地超馬後，我才體會到人生真正的意義，能忍別人無法忍受的苦。

說：「老爸，我知道你的個性，不拿到完賽獎牌你不會罷休，既然如此，就不要再等了，否則明年老一歲會更困難。」果然父子倆都達成了。

「別以為跑全馬是件容易的事！」陳焜耀坦言，當時他57歲，跑到下半程時，體力已不濟，若不是兒子在一旁不停鼓勵：「爸，跑快點，主辦單位在撿人頭了。（沒被撿到的就得放棄，把路權還給用路人）」陳焜耀拚著一口氣才終於跑完全程，拿到夢寐以求的完賽紀念獎牌。

2011年，政大企家班同學周俊吉（信義房屋董事長）約他參加林義傑的「擁抱絲路」，他和兒子飛到西安參加最後一段200公里陪跑。「生產事業的壓力很大，跑馬拉松的過程，全身流很多汗，跑完全身舒暢，壓力全部都釋放掉。」陳焜耀覺得，跑步是最好的運動，短褲加跑鞋，不受場地限制，就能達到健身的目的。

撒哈拉超馬
難忘的人生經驗

2012年底，兒子自己報名撒哈拉超馬極限挑戰，陳焜耀聽到後很不高興，忍不住抱怨：「也不相約一下！」兒子解釋，超馬比賽

世界四大極地超馬巡迴賽，包括埃及撒哈拉沙漠、中國戈壁沙漠、智利阿他加馬寒漠、南極等4個地方，每個地方都是7天6夜250公里的賽程，需成功挑戰二個沙漠賽，才有資格參加最後一站在南極的比賽。陳焜耀與大兒子先在2012年11月3日挑戰撒哈拉沙漠成功（上圖），接續在2013年3月9日挑戰智利阿他加馬寒漠（中圖），然後在6月8日成功挑戰中國戈壁沙漠（下圖），取得南極參賽資格。

119

不但辛苦，也有危險性，尤其沙漠環境詭譎，媽媽又十分不贊成，所以才沒約爸爸去。

然而，陳焜耀躍躍欲試哪容阻擋，最後父子結伴同行，經歷七天六夜的非人賽程，雙雙完成比賽，成為實至名歸的「鋼鐵人」、「特種部隊」。陳焜耀笑著說，這輩子從沒那麼邋遢過，不但所有裝備都要自己扛，全程沒法好好吃，也沒辦法洗澡，加上四十幾度高溫烘烤下，整個人都要變形了。

但最令陳焜耀感到神奇的是，由於每天40公里路程，要喝將近7公升的水（每10公里喝1.7公升），連續八天下來，陳焜耀的體質竟完全改變，返台後再也不用吃鎮定劑和安眠藥。「因為這個意義重大的轉變，老婆大人對於我從事極限體能運動，從『持保留態度』轉為『默許』啦！」不再反對的陳焜耀夫人陳亦惠，甚至對友人表示：「運動改變了另一半的人生。」

「第五代已加入合隆，同輩的企業家也漸漸退居幕後，但我認為所謂退休，不是靜態的，而要找尋積極的目標，讓自己繼續迎向另一個挑戰。」他相信，合隆還可以繼續創造下一個百年光輝！

（採訪整理／張慧心、楊育浩）

體會人生真正的意義
忍別人不能忍的痛苦

自從挑戰撒哈拉超馬極限挑戰成功後，陳焜耀不以此為滿足，2013年3月又征戰智利沙漠超馬賽，奮力完成100公里之際，卻因水土不服、食物中毒而功虧一簣。面對這項無法完賽的紀錄，陳焜耀笑著說：「紀錄當然不能停在這裡，不能因為有過失敗就放棄。」不久，他和兒子成功挑戰250公里中國戈壁沙漠極地超馬賽。一次次的超馬挑戰，他悟出人生感受，「跑過極地超馬，體會到人生真正的意義，忍別人不能忍的痛苦。」

如果你是
陳焜耀

◉ **你對夕陽產業的認定是？**

陳焜耀堅信沒有夕陽產業，只有夕陽腦袋，只要
懂得為產業求新求變，全心投入工作，就有機會
翻轉。

人生的禮物
10個董事長教你逆境再起的力量

◎ 你懂得學習的致勝關鍵嗎？

 陳焜耀以自己學習跆拳、健身到政大企家班學習管理，都有很好的收穫成績為例，他認為除了自己下苦功外，想要學得好，找到有效的捷徑，老師很重要，一定要找最好的老師，才能達到最佳的效果。

◎ 你懂得用運動紓解壓力嗎？

 陳焜耀曾因壓力大到無法入眠，長期服用鎮定劑、安眠藥才能作息正常。但他知道這不是長久之計，開始藉由運動來紓解壓力，後來參加撒哈拉超馬的挑戰後，改變了他需依賴安眠藥入眠的習慣。

◎ 你有不服輸的鬥志嗎？

 陳焜耀會給自己設定目標，並激勵自己完成。他57歲時，第一次跑完馬拉松比賽，即使跑到一半時，早已體力不濟，但他想著一定要拿到夢寐以求的完賽紀念獎牌，加上兒子不停鼓勵，終於達成。

億光電子董事長

葉寅夫

夢想要努力做到，
人生才會亮起來！

臺灣LED 教父級的大師葉寅夫，現在將億光電子推向品牌創業的道路。在臺灣經營品牌，尤其是電子業，幾乎都是死路，但他仍然懷抱雄心。在樹林的億光電子總部廣場前有兩隻鬥牛的雕塑，為什麼要有兩隻？他解釋，公司需要的是團隊，兩隻以上就像一個團隊，然後同心協力，保持鬥牛高昂的鬥志，迎接挑戰。出身苗栗苑裡農村的他，其實一開始並沒想過要創一個世界級大廠的夢想，他只知道踏實的努力工作，現在他的工作量不亞於年輕時，生活簡單，沒有太多物慾享受的他，只期望創造的「EVERLIGHT」品牌，擠進世界前三大LED品牌……

葉寅夫這位出身苗栗苑裡農村的董事長，談吐間仍帶有不少農村子弟樸實的一面，工作態度也像農夫般辛勤。他埋首在LED領域將近40年，年輕時的他，白天做被動元件，晚上做LED，身兼兩份工作，早上7點上班，一直到晚上11、12點才回家。開始創業後，幾乎所有時間都留給億光。他記得創業初期，一年唯一的連假是過年期間3天，且因當時公司規模不大，除夕夜那天，他固定留下來值班。

　　葉寅夫坦言，年輕時覺得有工作就很棒了，加上上司很肯給他機會，所以即使在學校從未學過「發光二極體」，但對這種可發出

我本身的個性很喜歡接受挑戰，很多同業不敵景氣循環黯然退場，我卻告訴自己要一直勇往直前。創業30年來，遇到的挫折相當多，除了每隔3、4年就有一個不景氣的循環波動，面對國際市場的變動、中國政策效應的暴起暴跌，也要練就一種面對的勇氣和抗壓性，能適應各種變化。

人生的禮物
10個董事長教你逆境再起的力量

各種不同顏色，繁複多采、充滿趣味又節約能源的產品充滿興味，經常自動從夜班延續到大夜班，因此很快就掌握這行業的技術研發和生產流程。

「我並非有遠見，而是從業期間親眼目睹過這項產品空前的搶購盛況！」葉寅夫認為，當時占天時的優勢，LED產品一問市就充滿爆發力，生產速度來不及供應市場所需，許多人捧著現金排隊來購買。「有生以來從沒見過這等光景，就算我後來創業，也再沒遇過這種盛況，顯然我沒那個福氣！」葉寅夫哈哈自嘲，雖沒有占到天時、地利，但想試試自己的實力究竟可以到哪裡，還是大膽創業。

團隊同心協力、勇往直前、奮戰不懈，才能讓公司不斷前進與突破。

欣賞臺灣水牛刻苦耐勞
也愛西方鬥牛的爆發力

　　早期LED產品，多半用於電腦內部的面版指示燈或儀表板、或電器用品的待啟動及遙控裝置，產品體積小，電容量也不大，不像如今用於照明設備，電容量變得很大；相對的，當時產品價格高、利潤高，不像如今價格大眾化，但利潤不高。

　　1983年，葉寅夫勇敢約集了三位好友集資500萬元創業，一開始就取名「億光」，希望企業能永遠發光發亮。「當時進入LED

品牌路很辛苦，
但會堅持走下去，
因為臺灣電子業必須走出代工。

人生的禮物
10個董事長教你逆境再起的力量

2011年葉寅夫獲頒台北科技大學工學名譽博士學位，他回想自己當初在畢業時並沒有給自己特別遠大的夢想，也從沒想過會開一間世界最大的LED封裝廠，但他只知道努力踏實地工作，誠懇誠心地待人，終於獲得今日的成就。

產業的門檻並不高，不像如今動輒幾十億元才能進入此產業。」鑑於原本老東家的機器設備穩定性不足，也為了省錢、耐用，出身黑手的葉寅夫放棄花大錢買設備，除了顯微鏡外，決定自己製造生產LED的機器。

葉寅夫用方格紙畫圖，再發包給工廠做零件，最後自己安裝試驗。所幸，組裝出來的機器穩定度極佳，加上當時正值美國開放電話機進口，每台電話機上都要用到LED燈，所以第二年業績就達到資本額的十倍。

相對的，那時也是非常拚命。葉寅夫還記得，當時他每天從早上7點一直工作到晚上

人類因夢想而偉大，但如果只是好高騖遠、眼高手低地做夢，夢想終究只會是一場幻想。

人生的禮物
10個董事長教你逆境再起的力量

11點，每周工作六天，除夕夜仍留下來值大夜班，農曆春節好不容易休假三天，接著又恢復日常作息。「這樣的生活，大概過了兩年多。別人或許覺得我很辛苦，可是我並不覺得，反而樂在其中，每天都幹勁十足。」

形容生肖屬虎的葉寅夫是「工作狂」，他似乎也不反對，事實上，葉寅夫除了隨時保持虎虎生威的拚勁，心中更欣賞臺灣水牛的刻苦耐勞、奮戰不懈，及西方鬥牛的群體性和爆發力。

在樹林億光電子的總部廣場，有兩隻鬥牛的雕塑藝術品，立著「同心協力、勇往直前、奮戰不懈」的牌子，這是葉寅夫的座右銘。

危機要變轉機
不景氣更要正面思考

「一年四季也不是每天風和日麗啊！」葉寅夫深刻體會過每天被顧客催貨的壓力，也感受過連一張訂單也不進來的冷冽，最後都在他發揮團隊精神下，安然化一次次危機為轉機。

而葉寅夫憑恃的，就是隨時保持正面思考。他常對同仁說：「不景氣時更要正面思考，人生也有高低起伏，不可能一帆風順，如果遇到不景氣就灰心，覺得產業不能做了、缺乏競爭力了，很可能就會選擇退出。」

只要專注當下，
迎向目標，
就一定有跑到終點的時候。

人生的禮物
10個董事長教你逆境再起的力量

葉寅夫為了感念母校台北工專（台北科技大學前身）的栽培，並培植LED研究領域的研發實力，2011年，他捐贈新台幣1億元協助興建台北科技大學東校區教學大樓，大樓也於2013年11月完工啟用，並命名為「億光大樓」。

慢跑
是最佳的心靈沉澱良方

　　葉寅夫另一個紓壓的方法，則是不論刮風下雨，每天維持慢跑一個半小時。「差不多從創業以後，我就開始在住家附近的臺大校園慢跑，跑了30多年，有人替我算過，大概可以繞地球好幾圈了。」葉寅夫認為，慢跑是最佳的心靈沉澱良方，很多打結的壓力和煩惱，往往在規律而前進的步伐和汗水順流滴落的過程中化解開來。

　　「我不只帶著員工跑，有時也會找朋友一起跑，或帶著員工一

起參加馬拉松競賽，希望藉由種種方式，鼓勵員工及朋友養成運動的習慣，除了可以保持身材，也可以平衡情緒，增加抗壓性，比較不會沮喪，身體也比較健康。」葉寅夫很自豪地說：這幾年，除了做健康檢查，他已經好幾年沒進過醫院了。

為了分享運動的好，葉寅夫在公司內提供同仁一個設備相當不錯的健身房，及一個多功能的活動室，讓公司的各社團，如：籃球、桌球、羽毛球、有氧舞蹈、瑜伽、慢跑……輪流借用，若是需要比較大型的空間，就向隔鄰的樹林高中、國中小或附近的板樹體育場借場地，方便員工下班後前往運動。

葉寅夫回想自己創業至今的歷程靦腆地說：「總算對社會有一點小小的貢獻。」

人生的禮物
10個董事長教你逆境再起的力量

不停留在代工業
堅持築世界照明品牌夢

「當年讀EMBA，老師再三勸我穩守代工業版圖，千萬不要輕言自創品牌，結果我成了不聽話的學生！」葉寅夫分析，雖然同為光電產業的代工，但LED和其他科技業不同的是，臺灣不論研發能力及生產實力，和全球知名的照明品牌歐司朗、飛利浦、奇異相較，絕對有過之而無不及。「既然與世界同步，我為何要停留在代工？」

葉寅夫說，臺灣有很好的LED上游基礎，加上下游的封裝產業，只要補足專業的標準及品牌行銷能力，進入照明市場是輕而易舉的事。「過去有些產業無法脫離代工的命運，是因為臺灣的起步比別人慢很多，但

從學校畢業時，我並沒給自己特別遠大的夢想，從沒想過自己會創立一間世界最大的LED封裝廠，但我知道要努力踏實工作，誠懇待人。

LED產業不同，技術不比國外差，甚至和競爭者同步，有很好的機會可以自創品牌，在全球闖出一片天。」

但隨之而來新挑戰是，由於每顆LED燈泡可用50000小時（和傳統燈泡相比，可節省85％電力，相當於為地球種了十棵樹），加上同業競爭致使價格不斷下跌，為了保持領先地位，葉寅夫每天都在想如何積極突破、求新求變。「雖然大環境的變動無法掌控，但我不變的目標是：想把億光打造成全世界數一數二的照明公司。」

葉寅夫坦言，這是一個很大的夢想，是否能夠挑戰成功他也不知道，但他決定一心不亂，就朝這個單一的目標去努力，「就跟慢跑一樣，專注當下，迎向目標，那麼，就一定有跑到終點的時候。」

（採訪整理／張慧心、楊育浩）

知名聲樂家簡文秀是葉寅夫又敬又愛的另一半，
她是葉寅夫在事業及生活上穩定的力量。

人生的禮物
10個董事長教你逆境再起的力量

樂在婦唱夫隨
葉寅夫又敬又愛的另一半

葉寅夫另一半是國內知名聲樂家簡文秀教授，她是葉寅夫在事業及生活上一大穩定力量。「她真的很善良，喜歡幫助人，經常以美妙的歌聲奉獻許多公益的表演活動，也是億光基金會董事長，每年主辦及參與很多有意義的慈善活動，是我又敬又愛的人。」葉寅夫內舉不避親，盛讚簡文秀歌聲美，心更美，所以樂於追隨簡文秀行善，閒暇時也經常相約一起欣賞畫展或音樂表演，因為簡文秀的影響，億光電子注入更多人文藝術味。

如果你是
葉寅夫

◉ **你願意對工作投入多少熱誠?**

 葉寅夫埋首在LED領域將近40年,年輕時的他,身兼
兩份工作,早上7點上班,一直到晚上11、12點才回
家,每周工作六天,除夕夜仍留下來值大夜班。

人生的禮物
10個董事長教你逆境再起的力量

◉ 你如何看待夢想？

葉寅夫覺得努力踏實工作，誠懇待人極為重要，如果只是好高騖遠、眼高手低地做夢，夢想仍然只會是一場幻想。

◉ 在不順遂時，你能正面思考嗎？

葉寅夫認為，「一年四季也不是每天風和日麗！」愈不景氣，愈要保持正面思考，否則如果遇到不景氣就灰心，覺得產業不能做了、缺乏競爭力了，很可能就會選擇退出。

◉ 你認為成功的途徑是什麼？

葉寅夫相信，只要設定人生的目標，努力不懈，認真踏實地朝目標邁進，才是成功的道理。他常以發明電燈泡的愛迪生說過的名言勉勵年輕人，「天才是一分的天分，加上九十九分的努力」。

康軒文教董事長

李萬吉

登高山不求快要求穩，
厚植實力磨出鐵人意志！

運動已成為康軒文教企業文化的一部分，李萬吉更把運動當做
鍛鍊。喜歡參與鐵人三項比賽的他，認為這個運動是對自己的
挑戰，因為只要跑下去，就不輕易退出，一定要完成才能達到
終點。對山有所鍾情的他，每年都會爬高山，年輕剛開始登山
時，他豐沛的體力可以一路從登山口快走爬到預定目標，後
來，醫師提醒不要求快，因為人體需要適應期，應該漸進式地
往高山爬。登山，總給李萬吉許多靈感，在登山的路途中，他
與自己的內心對話，思考人生的意義和事業的經營，他也從登
山中明瞭經營企業，就像登高要求穩一樣。

當車子停進康軒文教的地下室，牆壁滿滿掛著單車，走入接待檯，員工單車環臺的紀錄板就在一旁，而電梯旁的液晶顯示器，不時穿插員工參與各項運動、登山的照片。這麼一個愛運動的企業，董事長李萬吉正是幕後的推手，全公司600多位員工中，就已有253位取得鐵人證書。他在創辦的康橋雙語學校，也特別加強體育課程，甚至為小學生安排登頂玉山領畢業證書，他說：如果我小時候能夠在玉山頂上領取畢業證書，必定終生難忘。

學企業管理出身的李萬吉，一退伍就進入哥哥的出版社當業務，負責高中職教科書及參考書販售。1989年政府開放民間編印國

路很長，每往前一步，
就是超越過去的自己一步；
輕言放棄的人，
等於放棄自己迎頭趕上的機會。

人生的禮物
10個董事長教你逆境再起的力量

中小藝能科教科書，雖然與聯考無關，且是當時較不受重視的「副科」，但李萬吉看到切入市場的機會，在哥哥的資助下，創立了康軒文教。

政府後來果然逐年放寬國小及國中國、英、數、自然、社會等科的審定本教科書，康軒趁勢而起，逐步站穩教科書市場，與老字號的翰林、南一並駕齊驅，版圖也順勢擴及利潤較豐的參考書市場。

「由於文教產業是『樹人』工作的一環，賣教科書利潤非常微薄，教育部門放任家長團體惡性殺價，加上同業之間競爭激烈，所以多年來，外人看康軒事業版圖愈做愈大，其實吞下的委屈不少！」李萬吉輕描淡寫描述創業20多年的辛苦，認為寫下歷史的過程，遭遇考驗是必然的。

在公司成立「鐵人隊」
帶同仁挑戰鐵人三項

李萬吉生長在臺中后里，從小幫忙刈草、餵牛、撿番薯等農務，練就一身強健的體格。當兵時，被分發至每天非跑5000公尺不可的傘兵部隊。後來出社會工作，仍經常在住家附近繞巷子慢跑，

每次都跑超過3000公尺。跑步對他來說，是相當輕鬆，每天都要做的事。

正由於李萬吉體能狀況佳，甚至認為：「跑5000公尺太輕鬆了，可以挑戰更高難度的運動！」所以2005年開始，決定挑戰鐵人三項。

所謂「鐵人三項」運動係結合游泳、自行車、路跑等三項有氧運動於一體的競賽項目，每位參賽選手須於規定時間內，按照「游泳1500公尺→自行車40公里→路跑10公里」的順序，獨力且連續完成三項競賽。

跑步、騎單車難不倒他，至於游泳，他想，只要再找一位優秀的游泳教練，取得

如果將運動當成企業文化的一部分，主管和員工之間，除了職場上的關係，還有因一起運動，培養出來的私人情誼，這樣不但企業健康，團體也更和諧。

人生的禮物
10個董事長教你逆境再起的力量

喜歡爬山的李萬吉，享受在登山路途中，可以與自己的心靈對話。登山，也是他教育孩子的方式之一，他想孩子們從小親近山，擁抱大自然，體會大地的美好。

「鐵人」封號，就像探囊取物般容易。

　　李萬吉決定獨樂樂不如眾樂樂，一開始就把員工拉進來，在公司成立「康軒鐵人隊」，希望同仁一起體驗運動的挑戰和樂趣。「那年，7月5日辦說明會，我們隔天清晨6點就開始練，一個星期練6天，10月1日我們22人就去參加鐵人三項，除了1人韌帶斷裂沒有通過，其他人都拿到鐵人證書。」李萬吉和同仁的初體驗，一舉為公司增加21位鐵人。

李萬吉在公司成立「康軒鐵人隊」，至今已參加不少鐵人三項的賽事。圖為2006年參加北海岸鐵人賽，他與康軒同仁游泳前相互加油的合影。

人生的禮物
10個董事長教你逆境再起的力量

「鐵人三項是很艱苦的挑戰，自己一個人苦練，通常不易成功，所以一群人一起鍛鍊，有夥伴互相打氣，比較不容易放棄，尤其企業主更不容易放棄，面子問題嘛！」李萬吉形容說：看到夥伴已抵達終點，落後的人往往會硬著頭皮游完。先上岸的人則會等候夥伴到齊，大夥再一起折返，久而久之，大家感情也變得像一家人。

運動後全身舒暢
看什麼都覺得美

對臺灣近年各項鐵人賽事如數家珍的李萬吉，當初在新店打造康軒總部時，便不惜

有些看似單調的運動，除了訓練體能，其實也在訓練一個人克服無聊、單調的毅力。如果可以克服這種情況，還一直繼續前進，這種動力就是邁向成功的助力。

登高山不求快要求穩，厚植實力磨出鐵人意志！

重金規劃室內溫水游泳池、保齡球館、綜合體育館、網球場、撞球和桌球室。每年舉辦運動會，編列獎金，以部門為單位進行比賽，只要達到一定的運動能力指標，就有豐厚的福利金。

之所以敢如此得意誇口，是因為他不但是公司的董事長，更以具體的行動支持同仁參與鐵人三項運動。平時，他陪著同仁鍛鍊體力和耐力；賽時，他給同仁報名費、差旅費，補助購置自行車費用；若能拿到佳績，還可把放在公司架子上的誘人名牌單車，光榮地扛回家當獎品。

主管在工作上不得不要求部屬，
但在私下則要關懷他們，
這樣組織運作起來才會順暢。

騎自行車也是李萬吉喜歡的運動，除了曾經不畏風雨的參加比賽外，也曾與台大EMBA的同學，騎自行車環島。

登山是很好的有氧運動，但爬山前一定要先暖身，爬山時要根據自己的腳程，注意呼吸順暢，不要求快而要求穩健地爬，因為人體需要適應期，應該漸進式地往高山爬，登高不是一蹴可幾，就像經營企業一樣。

　　李萬吉說，得到好成績，當然會讓人充滿成就感，不過老實說，外在的獎勵還在其次，重要的是，「運動汗流浹背之後，全身舒暢，心情自然好，看什麼都覺得美。」李萬吉認為：自己正是推廣運動的最大受益者。

　　每次參加鐵人三項，總要想辦法苦中作樂，有一次在花蓮參賽，騎車經過原住民部落，一位中年婦人在旁為選手打氣，竟對李萬吉說：「加油，前面有美女喔！」李萬吉轉頭回她：「前面有美女沒用啦，我們無福消受，如果後面有猛虎，我們騎得才快呢！」

人生的禮物
10個董事長教你逆境再起的力量

幫同仁健康加分
教孩子養成運動習慣

　　李萬吉對運動的熱愛，也延伸到所辦學的私立康橋雙語學校。「臺灣教育沒有教學生養成運動習慣，是非常遺憾的事。」李萬吉理想的教育願景是「五育均衡」，所以除了幼兒園特別重視大肌肉鍛鍊，康橋學校每周除了兩節體育課，還另外排了兩堂游泳課，此外搭配田園教學、社團和體能競賽，務必讓學生有足夠的運動空間和時間。

　　事實上，李萬吉不僅自己追求健康，更是用心地幫同仁健康加分，甚至立下別家企業絕無僅有的「體育學分」制

爬山的樂趣在於，可以聆聽山林的聲音，達到洗滌心靈的效果。

登高山不求快要求穩，厚植實力磨出鐵人意志！

「自古成功靠勉強」是李萬吉在經營事業及運動上不變的信念。

度，鼓勵員工每年修滿五個學分。李萬吉自豪地說：「身體健康是康軒人的基本配備，我對員工的要求是身體強壯。」

「其實修滿五學分很容易，跑一個鐵人三項是三學分，爬玉山是兩學分，一年每天走路上下班算一學分、一年不搭電梯，爬樓梯上下班也是一學分。」騎自行車里程總計可環臺幾十圈以上、爬高山也像在走自家廚房的李萬吉說：「業績好，是團隊共同的努力，但高山登頂的成就感，卻是自己獨享的榮耀！」

（採訪整理／張慧心、楊育浩）

人生的禮物
10個董事長教你逆境再起的力量

用運動鍛鍊身心
一家都是運動員

在李萬吉的字典裡，運動，等於鍛鍊，也等於身心合一、體能提升、發揮極限，而這些特質，也正是李萬吉經營事業最雄厚的本錢。

李萬吉一家共同的興趣也是運動，三個大孩子各有專長的體育項目，大兒子是籃球隊隊長，二兒子是鐵人隊隊長，他倆經常進出健身房，已練就型男的壯碩身材。女兒和兩個大兒子都是標準的鐵人，從小學五年級起就參加標準賽程的鐵人賽，全台各地征戰數十次，二兒子還經常上頒獎台領獎，女兒也曾是全中運新北市代表隊的游泳選手。

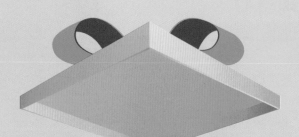

如果你是
李萬吉

◉ 你懂得善用時間運動嗎？

李萬吉認為沒時間運動是藉口，懂得善用每天零碎的時間，做一些小改變就能養成運動習慣，例如在公司時可以選擇不搭電梯，而走樓梯。搭乘公車或捷運都可以提早一站下車，讓自己多走些路。

人生的禮物
10個董事長教你逆境再起的力量

◉ 如果你的企業訂立運動學分，
你會排斥嗎？

康軒立下別家企業絕無僅有的「體育學分」制度，鼓勵員工每年修滿五個學分。李萬吉期望，身體健康是康軒人的基本配備。他覺得修滿五學分不難，比如挑戰一個鐵人三項是三學分，爬玉山是兩學分，一年每天走路上下班算一學分，一年不搭電梯，爬樓梯上下班也是一學分。

◉ 你曾經與朋友、公司同事，
透過運動，改善團體、組織的關係嗎？

李萬吉認為找到志同道合的朋友，以團隊方式一起努力，久了團隊就能有好的向心力。而且主管和員工之間，除了職場上的關係，如果因一起運動，培養出來的私人情誼，這樣不但企業健康，團體也更和諧。

◉ 你懂得如何登高山嗎？

李萬吉認為登高山，必須有準備，不能心急，要一步步循序漸進，否則很容易對身體造成傷害。爬山前一定要先暖身，爬山時要根據自己的腳程，注意呼吸順暢，不要求快而要求穩地爬。

登高山不求快要求穩，厚植實力磨出鐵人意志！

戴宏全

遇到難題，
不要鑽牛角尖去思考！

晚上從台中高鐵站仰望，遠方一個發光的圓形蓋閃爍著，那是
宏全國際公司的新大樓，全台灣有80％的保特瓶蓋都出自這
家公司。第二代經營者戴宏全，親民沒有太多董事長的架子，
他用心經營著上一代努力打拚的成果。僅管工作的壓力無所不
在，他不會把壓力困在心裡，不鑽牛角尖去看待問題，保持自
己身心靈平衡。在這個特殊的保特瓶蓋產業裡，他重視與員工
的相處，與員工合力打拚，因為每個人都是團隊的一分子，就
像狼群一樣，群聚一起，更有力量！

以飲料蓋子起家的宏全國際，生產全台灣八成的保特瓶蓋，2000年在台灣上市，財經雜誌譽為「飲料界鴻海」，如今更已成為台灣最大、全中國第三大的飲料瓶（蓋）公司。

回溯45年前，宏全國際的前身「台豐工業社」僅是一家資本額400萬元、專生產吸管、年營業額不過700多萬元的小工廠，歷經前任董事長戴清溪、現任總裁曹世忠、現任董事長戴宏全的積極努力，如今資本額26億元，營業額接近200億元，企業版圖也不斷擴張成長。

光看「宏全國際集團」的名稱，很容易讓人以為是戴宏全一手創造的事業。戴宏全一聽記者發問立刻搖手，坦言這原本是父親和舅舅打下的基業，雖然他接班至今已十多年，但舅舅曹世忠一直是他發展事業最重要的支柱。甥舅兩人以「董事長」和「總裁」身分，平行決策、相輔相成、相互尊重、互補短長，成就一段甥舅共同寫下產業傳奇的佳話。

站在產業對的方向
打造一條龍的生產線

身為企業的第二代經營者，戴宏全有著不同於其他企業經營者

的眼光和行事作風。舉例而言，國內很少有經營跨國企業的上市公司負責人，既不打高爾夫球，也不參加扶輪社，卻長期認養國外貧童，休閒時會帶老婆及女兒上戲院看院線片，而且愛PO臉書；運動時除了爬山和騎單車環台，還專挑能讓身材更健美的重量訓練。

原本就讀台大土木工程學系的戴宏全，畢業後出國深造，取得土木工程碩士及MBA管理碩士學位，返台後進入台中市政府工作，因父親退休才返回家族事業，和舅舅合作一起打拚，加上擁有台、美、澳洲等國會計師證照的另一半也出任公司的財務主管，戴宏全很快便得心應手的帶領公司全速前進。

「我很慶幸自己找對了方向！」戴宏全坦言，他很早就認知

一個公司的價值就是有永續經營的理想，絕不要因短期的利益，而忽略長期永續經營的價值觀。

宏全國際被財經雜誌譽為「飲料界鴻海」，如今更已成為台灣最大、全中國第三大的飲料瓶（蓋）公司。

「保特瓶遲早會取代玻璃瓶。」畢竟，保特瓶比起傳統鋁罐、玻璃瓶、利樂包，都更具方便性及多樣化。事實證明，消費市場很快便認同保特瓶裝飲料，不僅水、汽水、可樂大量使用保特瓶，就連茶飲、果汁、運動飲料、不同形式的機能飲料，也幾乎都採用保特瓶來裝填。

隨著台灣飲料產業發展快速，宏全還開始介入飲料業的周邊產品，由瓶蓋內墊延伸到封蓋機、鋁蓋、爪蓋、瓶套、商標、真空蓋、拉環蓋、長頸酒蓋、抗靜電薄膜……等，最後甚至跨足吹瓶、飲料充填領域，率先在台灣飲料業界，推動IN HOUSE生產模式。

人生的禮物
10個董事長教你逆境再起的力量

也就是說，宏全投資架設吹瓶機於客戶廠內，直接在客戶工廠內吹出保特瓶，接著清洗消毒、充填飲料、裝蓋封膜、裝箱打包、運送至賣場或經銷商處，垂直整合成「一條龍」生產線，此舉不僅提高生產效率，還能有效降低成本，對宏全及飲料公司而言，不但是雙贏，更提升宏全在代工供應鏈中占有舉足輕重的地位。

做事不要鑽牛角尖
希望員工身心靈平衡

回想事業經營過程，戴宏全坦言：壓力無所不在！所以他不但

與員工合力打拚，
學習狼群團結的精神，
團隊才更有耐力！

隨時保持自己身心靈平衡，也格外重視員工的生活照顧和身心靈健康，定期進行員工憂鬱情緒檢測，舉辦員工登山健行活動。

「剛開始同仁很排斥憂鬱情緒篩檢量表，回答時還亂寫一通，但後來明白公司的善意後，就開始全力配合了。」對於篩檢的結果，宏全公司避免給員工貼上標籤，會暗中由公司內部的正規護理人員或相關輔導主管介入關懷，直到情況改善為止。

戴宏全表示，現今社會型態下，生活步調急躁，媒體報導影響所及，處處存在著不和諧的氣氛，憂鬱症成為不可避免的文明病。為了鼓勵員工身心平衡，他除了提供穩定的薪資、便利的餐廳、舒適的宿舍，還常提醒員工：「人生要平

壓力無所不在，除了要注重身體健康，家庭及工作更要平衡，做事情切忌鑽牛角尖！

人生的禮物
10個董事長教你逆境再起的力量

熱愛運動的戴宏全，每年都會安排幾個難度較高的運動，鍛鍊與挑戰自己。左上圖為2006年參加統一盃鐵人三項比賽。右上圖、下圖為2012年參加AMD環花東國際自行車大賽，此活動是戴宏全難忘的比賽。第一天由花蓮騎海岸公路（台 11 線）到台東，第二天由台東騎花東縱谷線（台 9 線）回花蓮，原以為可飽覽山海美景。沒想到，第二天騎經金城武代言航空公司廣告的夢幻景點——台東池上『伯朗大道』，騎不到1/3路程，就開始下雨，全身濕透迎著風感覺很冷，加上中間有一大段上坡路，騎得既辛苦又狼狽，加上是競賽，有完賽的壓力，絲毫無心欣賞，只能埋頭往前騎。戴宏全期望未來還有機會再去一次，用悠閒的心情好好欣賞花東絕美的風景。

遇到難題或阻力時，可以先跳開事故的現場或難題的核心，不要讓自己一直沉溺其中，避免茶不思飯不想，睡不著覺，影響決策。接著沉澱問題，讓心靈保持冷靜，然後去運動，你會發現，運動能排解長時間工作的壓力，讓身體更能應付工作挑戰。適度運動後，不但壓力消除，而且心靈開放，問題的解答自然而然浮現腦海。

衡，除了要注重身體健康，家庭及工作更要平衡，千萬不要鑽牛角尖。」

戴宏全認為，人常為某一件事情把思路綁住，演變成鑽牛角尖。他分享自己遇到難題或阻力時，常會先跳開事故的現場或難題的核心，不讓自己一直沉溺其中，避免茶不思飯不想，睡不著覺，影響決策。接著他會沉澱問題，讓心靈保持冷靜，然後去運動，往往適度運動後，不但壓力消除，也心靈開放，問題的解答自然而然浮現腦海。

在戴宏全的帶頭示範下，宏全公司的員工很少有人打高爾夫

人生的禮物
10個董事長教你逆境再起的力量

戴宏全強調，有健康的體魄才能開展事業。當他登上玉山、雪山、大霸尖山，及到恆春、綠島海上長泳後，更覺得台灣得天獨厚，車程一小時內就可到達山邊或海邊，視野變化很大，他想，台灣人應該多珍惜這些天然美景。

球，都是以爬山做為運動。戴宏全說，「台灣雖然有很多天然災害，但有很多美麗的山，而且車程一小時內就可以到達山邊或海邊，視野變化很大。而且，台灣的林相從熱帶到溫帶到寒帶都有，可說是全世界絕無僅有的天然條件，台灣人應該多珍惜這些天然美景。」

注重核心肌群的訓練
喜歡健美健身的運動

　　和其他董事長稍有不同的是，大多數企業負責人多半藉運動流汗，達到「健康」的目標。但戴宏全除了跑步、騎單車、游泳、登山增加心肺功能，還會重視全身肌肉的線條是否達到「健美」的要求。

　　他笑言，年輕帥哥追求的六塊肌，對他來說只是「小意思」，為了避免肌肉隨年齡漸增而萎縮，這5、6年來，戴宏全特別聘請專業教練指導他進行各種重量訓練和核心肌群的訓練，希望達到更上一層的運動境界。就算出國洽公，行李中也必然打包運動衣鞋，讓運動成為生命中的一部分。

　　「不論胸肌、腹肌、背肌都很重要！」戴宏全說，一般人的腳

人生的禮物
10個董事長教你逆境再起的力量

部及下半身，運動量大都足夠，不論騎腳踏車、走路、爬山，都會鍛鍊到下半身肌力；相對的，人最重要的五腑六臟大多在上半身，但胸腹背的運動量卻明顯不足，所以應多鍛鍊胸肌和腹肌、背肌，唯有這些肌肉群愈強壯，才愈能保護重要的臟腑。

「我不敢說是像職業選手般『勤練』，但的確是健美運動的業餘愛好者。」戴宏全透過如此運動，上半身身材呈倒三角形，抬頭挺胸，相當有精神，但如果有更多時間，他還是願意多投入這個特殊的運動領域。

運動完通體舒暢，身體累積的廢物一次清空，身體機能自然變好了。我曾參加過多次鐵人三項、海上長泳的比賽，藉由這些比賽，可以增加自己意志力及自信心，同時鍛鍊自己體能的負荷。事業永無止境，但前提是「要有健康體魄，才能開展一切。」

欣賞王永慶的毅力
佩服張忠謀決策力

　　「我最欣賞的企業家台塑集團王永慶先生，到80多歲還精神矍
鑠、能跑五千公尺；台積電的張忠謀先生，80多歲仍洞察世事、思
慮清晰，說話直指核心，決策力毫不含糊，真是太令人敬佩了！」
戴宏全認為，事業永無止境，未來發展空間還很大，但前提仍是
「要有健康體魄才能開展一切事業。」

　　「運動完通體舒暢，身體累積的廢物一次清空，身體機能自然
變好了。」戴宏全還很重視運動完畢後的「保養」，他認為：運動
其實是打破肌肉組織，對身體細胞形成破壞，想讓細胞在復元過程
中纖維變得比以前更強壯，運動過後一定要徹底休息、好好補充營
養，才能修補細胞，不對身體形成耗損。「運動不能變成勞動，要
靠好好休息、健康飲食，才不致過勞而達不到運動健身的目的。」

（採訪整理／張慧心、楊育浩）

人生的禮物
10個董事長教你逆境再起的力量

讓運動成為
生命中的一部分

戴宏全認為壓力無所不在，運動能排解長時間工作的壓力，讓身體更能應付工作挑戰。儘管工作很忙，但他周六日會盡量運動，除了跑步、騎單車、游泳，每年也會安排3～4次高強度的運動，挑戰自己，如參加鐵人三項、海上長泳、爬百岳等。熱愛運動的他，不論出國旅行或出差，隨身一定攜帶兩樣東西，一是慢跑鞋，另一是泳褲。他相信只要隨時保持運動的良好習慣，事業與生活的壓力自然容易紓解。

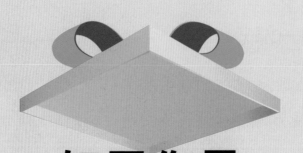

如果你是
戴宏全

 ◉ **你如何看待身心靈的平衡？**

戴宏全認為，現今社會型態下，生活步調急躁，
憂鬱症成為不可避免的文明病。為了鼓勵員工身
心平衡，除了提供好的工作環境，他還常提醒員
工：「人生要平衡，除了要注重身體健康，家庭
及工作更要平衡，千萬不要鑽牛角尖。」

◉ 遇到困境時，你如何解決難題？

戴宏全分享自己遇到難題或阻力時，常會先跳開事故的現場或難題的核心，不讓自己一直沉溺其中，避免茶不思飯不想，睡不著覺，影響決策。接著他會沉澱問題，讓心靈保持冷靜，然後去運動，往往適度運動後，問題的解答自然而然浮現腦海。

◉ 你會想參加一項運動比賽，來挑戰自己的體能嗎？

戴宏全從2004年起，就開始參加海上長泳與鐵人三項比賽，他覺得藉由這些比賽，可以增強自己意志力及自信心，同時鍛鍊體能的負荷。他認為，有健康的體魄才能開展一切事業。

◉ 你懂得組織你的團隊嗎？

戴宏全認為，每個人都是團隊的一分子，就像狼一樣，群聚一起，更有力量！懂得學習狼群的精神，團隊更有耐力！

走出逆境，從「心」改變

文／葉雅馨（大家健康雜誌總編輯）

人生不如意事十之八九，當逆境來的時候，通常不會預先告知。面對逆境，你認為這是一個阻礙？還是一個機會？

《人生的禮物：10個董事長教你逆境再起的力量》一書，我們採訪了10個知名的企業董事長，藉由他們精彩的故事，讀者可以看到他們的人生歷練，與面對逆境、困難挑戰時的積極態度與思考方法。

- 王品集團董事長戴勝益，他的創業路途並不順遂，但他卻屢敗屢戰，直到經營王品牛排，事業才有起色，在成功的背後，他背負著外人看不見的壓力，他不服輸的個性，告訴旁人「你認真，別人就當真」。

- 美吾華懷特生技集團董事長李成家，第一份工作是在藥廠做業務，常被客戶刁難而有委屈，但回公司後，他懂得調整情

緒，不被受氣的情緒駕馭，他相信人生處處是機會，因為幫你的是貴人，找你麻煩的也是貴人。

- 台達電子董事長海英俊，並非理工背景出身，過去一直在外商金融圈服務，50歲時，他選擇轉入科技業，面對不同的產業，他加倍學習。他認為，在學校主修什麼，其實並不重要，重要的是如何持續學習，找出一條屬於自己的路。

- 全家便利商店董事長潘進丁，出身貧困農家的他，藉著苦讀，先考上警大分擔家計，後來在32歲那年放棄警官的工作，選擇赴日留學，回國後創業開啟他另一段通路人生。他相信只要衝出逆境，就像浴火的鳳凰，能快速地從谷底躍起。

- 和泰興業董事長蘇一仲，原本20多年前，大金空調還默默無名，但他獨到的創意與經營，積極以赴的態度，搭配「要做，就做到最好」的執行力，讓他屢屢克服挑戰，他認為，「境隨心轉」，人生要更好，就由心開始改變。

- 八方雲集董事長林家鈺，從小家境清貧，半工半讀完成學業

後，他每天超過14個小時投入電梯維修工作，終於擺脫貧困。但47歲時，他散盡家產，人生退回原點，靠著賣水餃還債，他相信，貧窮能翻身，不要放棄給自己再站起來的機會。

- 合隆毛廠董事長陳焜耀，他說自己出生就在敗部，細姨之子的庶出身分，使他每一次勝利，都比含銀湯匙出生的人更懂。在營運危機中，他接下搖搖欲墜的老店，但他堅信沒有夕陽產業，只有夕陽腦袋，終於找到羽絨產業的一片天。

- 億光電子董事長葉寅夫，出身苗栗苑裡農村的他，一開始並沒想過要創一個世界級大廠，他只知道踏實的努力工作，現在他的工作量不亞於年輕時，他相信有夢想，就要努力做到，人生才會亮起來！

- 康軒文教董事長李萬吉，他把運動當做鍛鍊，也從登山體悟許多人生道理。他認為運動是對自己的挑戰，因為只要跑下去，就沒有退路，每往前一步，就是超越過去的自己一步；輕言放棄的人，等於放棄自己迎頭趕上的機會。

人生的禮物
10個董事長教你逆境再起的力量

- 宏全國際董事長戴宏全，他用心經營著上一代努力打拚的成果。儘管工作的壓力無所不在，他告訴自己與員工，不要鑽牛角尖去看待問題。他與員工合力打拚，因為每個人都是團隊的一分子，就像狼群一樣，群聚一起，更有力量！

　　任何逆境與挫折，都是最好的人生禮物。這10位董事長，在面對逆境時，他們都以正面思考、採取務實的解決方式；面對壓力時，藉由運動紓壓，記取挫折、失敗的經驗，把它當作人生成長的挑戰及給自己翻身的力量，給自己實現夢想的機會，也再再見證逆轉勝的存在。

　　本書感謝這10位董事長分享他們寶貴的人生經驗，及在百忙中撥冗完成本書修正潤稿、提供配圖。也感謝多位名人的肯定，財經節目主持人陳斐娟、卡內基訓練大中華區負責人黑幼龍、陽明海運董事長盧峯海、臺灣活動發展協會理事長賴東明為本書列名推薦。

　　閱讀《人生的禮物：10個董事長教你逆境再起的力量》這本書，跟著10個超級董事長學習，提醒自己，遇到逆境時，把它當成一股激勵挑戰，同時當成處在人生的轉彎處，然後，先從「心」改變！

人生的禮物
10個董事長教你
逆境再起的力量

總　編　輯／葉雅馨
主　　　編／楊育浩
執　行　編　輯／蔡睿榮、林潔女
封　面　設　計／比比司設計工作室
內　頁　排　版／陳品方
人　物　攝　影／許文星

照　片　提　供／王品集團董事長戴勝益、美吾華懷特生技集團董事長李成家、台達電子董事長海英俊、全家便利商店董事長潘進丁、和泰興業董事長蘇一仲、八方雲集董事長林家鈺、合隆毛廠董事長陳焜耀、億光電子董事長葉寅夫、康軒文教董事長李萬吉、宏全國際董事長戴宏全（依文章先後順序）

出　版　發　行／財團法人董氏基金會《大家健康》雜誌
發行人暨董事長／謝孟雄
執　行　長／姚思遠

地　　　址／臺北市復興北路57號12樓之3
服　務　電　話／02-27766133#252
傳　真　電　話／02-27522455、02-27513606
大家健康雜誌網址／www.jtf.org.tw/health
大家健康雜誌部落格／jtfhealth.pixnet.net/blog
大家健康雜誌粉絲團／www.facebook.com/happyhealth

郵　政　劃　撥／07777755
戶　　　名／財團法人董氏基金會

總　經　銷／聯合發行股份有限公司
電　　　話／02-29178022#122
傳　　　真／02-29157212

法律顧問／眾勤國際法律事務所
印刷製版／沈氏藝術印刷
版權所有・翻印必究

出版日期／2014年1月11日初版
　　　　　2014年1月20日初版二刷
　　　　　2014年2月10日初版三刷
定價／新臺幣280元
本書如有缺頁、裝訂錯誤、破損請寄回更換
歡迎團體訂購，另有專案優惠，
請洽02-27766133#252

國家圖書館出版品預行編目(CIP)資料

人生的禮物：10個董事長教你逆境再起的力量
／葉雅馨總編輯. -- 初版. -- 臺北市：董氏基金
會<<大家健康>>雜誌, 2014.01
　　面；　公分
ISBN 978-986-85449-9-4(平裝)
1.企業家 2.臺灣傳記 3.企業管理 4.成功法
490.9933　　　　　　　　　　102026535